人民日报学术文库

森林生态效益评价与资产负债表编制

张　颖
石小亮 ◎著

——以吉林森工集团为例

Senlin Shengtai Xiaoyi Pingjia Yu Zichan Fuzhaibiao Bianzhi

人民日报出版社

图书在版编目（CIP）数据

森林生态效益评价与资产负债表编制：以吉林森工
集团为例 / 张颖，石小亮著．—北京：人民日报出
版社，2015.10
ISBN 978－7－5115－3393－7

Ⅰ．①森… Ⅱ．①张…②石… Ⅲ．①森林生态系统
—效益评价—资金平衡表 Ⅳ．①S718.55

中国版本图书馆 CIP 数据核字（2015）第 240190 号

书　　名：森林生态效益评价与资产负债表编制：以吉林森工集团为例
著　　者：张　颖　石小亮

出 版 人：董　伟
责任编辑：万方正
封面设计：中联学林

出版发行：人民日报出版社
社　　址：北京金台西路 2 号
邮政编码：100733
发行热线：（010）65369527　65369846　65369509　65369510
邮购热线：（010）65369530　65363527
编辑热线：（010）65369844
网　　址：www. peopledailypress. com
经　　销：新华书店
印　　刷：北京天正元印务有限公司

开　　本：710mm×1000mm　1/16
字　　数：221 千字
印　　张：14.5
印　　次：2016 年 1 月第 1 版　　2016 年 1 月第 1 次印刷

书　　号：ISBN 978－7－5115－3393－7
定　　价：43.00 元

前　言

　　森林生态系统是陆地生态系统中面积最大、组成结构最复杂、生物总量最高、适应性最强的一种自然生态系统,它对陆地生态环境有决定性的影响。随着社会经济的发展和城市化的不断扩大,森林生态系统受到了严重的威胁,一些地方的森林也遭受到了严重的破坏。为提高全民的环保意识,明确森林生态系统的主体地位,并以经济手段确保生态系统稳定、健康和可持续发展,本研究以吉林森工集团为例,进行了森林生态效益评价与资产负债表编制研究。研究对探讨森林生态系统服务价值变化的规律,实现森林生态系统的可持续经营等具有重要的意义。

　　研究包括八部分内容。主要有:研究概况;研究的理论基础;森林生态系统服务价值评价的概念、界定、指标体系;吉林森工集团基本概况;森林生态系统服务价值动态评价;森林生态系统服务价值综合评价;森林生态系统服务价值变化仿真预测;生态资产负债表编制。研究主要采用了系统分析法、综合评价法、因子分析法和系统仿真法进行的。研究对吉林森工集团的森林生态效益进行了科学的评价,并编制了相关生态资产负债表,对森林生态系统的科学管理提供了依据,也对其他地区森林生态系统效益评价和资产负债表编制提供了借鉴。

　　最后,研究还对吉林森工集团不同方案下的森林生态效益价值进行了预测分析,并对未来的发展、研究进行了展望。希望该研究能够促进我国相关研究的发展,并为相关管理、决策提供参考。

由于时间仓促,书中错误在所难免,衷心希望广大同人批评指正!

作者

2015 年 7 月 28 日

目 录
CONTENTS

第一章

研究概况

森林是陆地生态系统的主体,在应对全球气候变化中发挥着重要的作用,也对维持生态安全、维护人类生存发展的基本条件中有着不可替代的作用。

1.1 研究背景

自然生态环境与人类社会经济活动之间有着十分密切复杂的联系,长久以来,人们忽视了森林生态系统服务在日常生产及生活过程中的价值,以过度消耗森林资源为代价来发展经济,致使森林生态系统遭受严重破坏,全球生态环境逐渐恶化,出现了诸如温室气体效应、生物多样性丧失等一系列问题,严重威胁了人类的基本生存条件,阻碍了社会的可持续发展。

森林生态系统是陆地生态系统中面积最大、组成结构最复杂、生物总量最高、功能最完善、适应性最强的一种自然生态系统,它对陆地生态环境有决定性的影响。森林作为陆地生态系统的主体部分,是提供生态系统服务的重要来源,更是实现环境与发展相统一的纽带。如能够提供各种生产与生活资料,像木材及林下经济等副产品;森林生态系统还具有涵养水源、保育土壤、固碳制氧、净化大气环境、防风固沙、保护生物多样性,以及维持区域生态平衡等多种直接与间接的生态服务功能,是自然界中功能最完善的基因库与资源库。

近年来,随着全球生态环境的不断恶化,以及社会经济的不断发展,人们也逐渐认识到森林生态系统服务所具有的诸多价值,在系统评估了全球主要生态系统服务的经济价值之后(Constana R,Rudolf D G,1997),人们更加清晰地认识到森林生态系统服务所具有的价值,越来越多的学者开展了关于生态系统服务价值的研究。

但以往针对森林生态系统服务价值的研究存在很多问题,如混用错用了"功能"和"服务",最大、最多的错误是发生在对 95 个国家共 1360 位学者完成的《联合国生态系统千年评估报告(Millennium Ecosystem Assessment)》的一个中文翻译本《生态系统与人类福利:评估框架(摘要)》。MA 的这个中文译本中共有 103 处将"生态系统服务"流量概念翻译为"生态系统服务功能",不知该词在此处是指资产还是指生产。如将"支持服务"译成"支持功能",将"调节服务"译成"调节功能"等。MA 的这个中文译本也制造了我国学术界的混乱,在检索了参考过此文的学术论文后,结果发现约 90% 以上的文章都被错误译本误导。基于此项错误,我国许多学者在开展国家级、省市级,乃至于一个林场、一片草原等级别的生态系统价值核算的案例时,都混淆了森林生态系统作为资产的价值和由它产出的"产品和服务"的价值,甚至进一步延伸这个错误,产生了把存量资产的价值加入作为流量概念的产品和服务的价值中,计算出所谓的"绿色 GDP"并向社会公布。

MA 的中文译本甚至还误导了国家林业局在 2008 年 4 月 28 日发布的中华人民共和国林业行业标准(LY/T1721 – 2008)《森林生态系统服务功能评估规范(Specifications for Assessment of Forest Ecosystem Services in China)》,其中英文的翻译应为"森林生态系统服务评估规范",却在规范中翻译成"森林生态系统服务功能评估规范"。从该标准关于"森林生态系统服务功能"的解释来看,将"功能"与"服务"这一概念性混淆更是系统性的。如果按此"标准"计算得到森林生态系统服务价值,必然资产、产值不分,如果进而计算 GDP,结果可想而知。

针对以往研究受 MA 的中文错误译本,以及国家林业局制定的中华人民共和国林业行业标准 LY/T1721 – 2008——《森林生态系统服务功能评估规范(Specifications for Assessment of Forest Ecosystem Services in China)》的影响,致使我国多数有关森林生态系统服务的评价研究都混用错用了"功能"和"服务",因此也错误地界定了森林生态系统服务评价所包含的主要内容。如有的学者将森林生态系统服务主要分为水土流失、涵养水源、野生动物保护、供给 O_2、森林游憩、降低噪声、森林卫生保健等(侯元兆、张颖等,2005)。在国家林业局实施的《中华人民共和国林业行业标准 LY/T1721 - 2008 森林生态系统服务功能评估规范》中,将森林生态系统服务内容主要分为涵养水源、保育土壤、固碳制氧、积累营养物质、净化大气环境、农田/草场防护、生物多样性保护和森林游憩等八方面。

因此,确认森林生态系统服务的概念和划分好研究边界是精确研究价值的前提,否则会造成疏漏、重复,以及口径不一等问题。森林生态系统服务分类的标准化也直接关系到评价结果的可比性。本研究在明确"功能"与"服务"区别的基础上,对森林生态系统服务所包含的主要内容进行了清晰的界定,并进行了相关研究。考虑到森林生态系统服务价值评价仅将森林生态系统各种服务单独进行评价,然后简单加总得到总价值,未考虑不同的森林生态系统服务价值所采用的研究方法,以及所遵循的基础理论都是有区别的,不同服务内容之间有着不同的矢量性质,直接加总势必会出现重复、累加和协同作用等情况。本研究以吉林森工集团为例,对森林生态系统各项服务价值核算结果进行了必要的综合评价处理,去除各项服务价值之间的相互作用,以使吉林森工集团森林生态系统服务价值核算结果更加客观合理,并为森林生态系统管理提供依据和参考。

我们知道,在党的十八大报告中,我国首次单篇论述了"生态文明"的建设。围绕促进资源节约、加大自然生态系统和环境保护力度、加强生态文明制度建设等重点内容,对新形势下加强生态文明建设做出了全面部署。之后,又在十八届三中全会上审议并通过了《中共中央关于全面深化改革若干重大问题的决定》,指出要准确把握制约国内当前环保行业发展的核心问题,推动行业发展进入新阶段,重点加快生态文明制度建设。可见生态文明建设在我国当前的突出地位,作为陆地上最大的生态系统——森林生态系统,被赋予重任。

有着"北国江城"之称的吉林省,是我国重点林业省份之一。从新中国成立以来一直作为我国重要的木材生产基地,截止到 2013 年,吉林省的林业用地面积约为 929.9 万 hm^2,有林地面积约为 828.8 万 hm^2,森林覆盖率达到 43.8%,活立木总蓄积为 95613 万 m^3(吉林省林业厅,2012)。而吉林森林工业集团有限责任公司(以下简称"吉林森工集团")是我国四大森工集团之一,辖区位于长白山,素有

"长白林海"之称,是国家重要的生态屏障和木材生产基地。长白山区还是松花江、鸭绿江和图们江三大水系的发源地,在东北乃至整个东北亚地区的生态系统中都占有非常重要的位置。吉林森工集团是以经营森林资源为基础、多元化发展的企业集团,总经营面积达 134.75 万 hm^2,有林地面积 122.48 万 hm^2,森林覆盖率为 90.9%。活立木总蓄积为 17978.12 万 m^3,森林蓄积为 17975.94 万 m^3,乔木林公顷蓄积达 151.95 m^3/hm^2,位居我国已开发林区第一位。其中总碳储量达 7780 万 t,森林生态系统服务价值约达 651 亿元(吉林森工集团 2013 年度森林资源分析报告,2013),相当于 2013 年吉林省 GDP 总量 12981.46 亿元的 5%。可见森林生态系统服务在林业发展中的重要意义。因此,如何更好地将森林生态系统服务的诸多价值纳入社会与经济发展的评估和国民经济核算之中,对吉林森工集团森林可持续发展与管理有着非常重要的意义。

1.2　森林生态系统服务价值评价研究

现代意义上最早的生态系统服务是在《Manand Nature》一书中提出的。该书指出生态系统服务涉及多方面内容:森林系统与气候环境关系、保育土壤、涵养水源、对废物的分解等(Geoerge Perkins Marsh,1864),可见生态系统服务的意义重大(Aldo Leopold,1982)。还有学者通过创立自然资本概念,指出人类耗竭自然资源资本会大大降低国家的偿债能力(Vogt C,1948)。Holdren,Ehrlich C 认为生态系统服务丧失的快慢程度一般主要取决于生物多样性的多少,从长远观点来看,试图利用其他手段来替代已丧失的生态系统服务代价较大,且有可能失败(Holdren,Ehrlich C,1974)。

为了能够对已丧失生态系统服务代价进行定量评价,1991 年国际生物科学联合会组织并召开了如何将物种多样性进行定量研究的会议,之后生态系统服务价值评价研究成为当前生态学研究的热点。如有学者就对多瑙河的冲积平原生态系统价值采用了市场价值、机会成本以及旅行费用等方法进行了评估(Gren et al.,1995)。Costanza C 等将全球的生态系统服务归为 17 种类型、10 种生物群系,

以此对它的价值和作用进行评价(Costanza C et al.,1997)。接着许多学者都采用
了不同方法,从不同角度对生态系统服务价值进行了评价研究(Bolund P.,1999;
Holmund C,1999;Holmund C et al.,1999;Ayensu et al.,1999)。也有学者认为尽
管目前与生态系统服务价值评价相关研究取得了丰硕的成果,但至今未能得出普
遍公认的生态系统服务整体评价指标体系(de Groot et al.,2002)。

在我国自1998年的长江洪涝灾害后,才逐渐重视生态系统服务的作用。在
国内较早开始生态系统服务评价研究,并详细论述了有关生态系统服务含义、特
点,以及生态系统服务与可持续发展关系的学者是欧阳志云。随后许多学者对生
态系统服务进行了评价研究,为我国生态系统服务研究奠定了基础。之后很多学
者利用各种科学技术手段和方法对生态系统服务价值进行评价研究。如梁春玲
应用RS和GIS等技术手段,采用能值和价值量相结合的方法对湿地生态系统服
务进行评价研究,结果可更好地完善湿地生态系统服务价值评价研究内容,促进
对湿地生态系统服务的整体认知(梁春玲,2011)。以往针对生态系统服务价值评
价的研究,主要从以下三个角度开展:

1.2.1 从生态学角度开展的研究

生态系统服务评价从生态学角度开展的研究最为丰富。

(1)关于生态系统服务分类的研究

其一,描述性分类。如生物服务、社会与文化服务、可更新资源物品、不可更
新资源物品、信息服务(Moberg,Folke,1999)。其二,组织性分类。如和物种实体
组织相关的服务(Norberg,1999)。其三,功能性分类。如生产、栖息、承载,以及信
息等服务(de Coot et al.,2002)。其中功能性分类十分便于生态系统服务价值评
价工作,是目前学术界最常用的分类方法。如Costanza从功能角度对生态系统服
务进行分类研究(Costanza et al.,1997)。

Daily提出了20世纪比较有代表性的生态系统服务分类法(Daily,1999)。之
后Moberg F等又基于实际研究对象提出了多种生态系统服务的分类,如针对珊瑚
礁生态系统服务和产品提出了按照性质的划分法(Moberg F,Folke C,1999)。到
目前为止,从功能的角度对生态系统服务进行分类,较有影响的是由MA工作组

提出的。具体将生态系统服务分为文化、供给、支持、调节以及服务等五方面内容（MA,2003）。此分类较以往更直观,且有效地避免了不同类别的生态系统服务重叠的情况。

(2)关于生态系统服务评价尺度与边界的研究

尺度属于生态学科的基本概念,是针对生态学实体在时空变域上所表现不同特征的研究,尺度现象研究是生态学科中非常重要的问题,最具复杂性和多样性(石小亮、张颖,2014)。尤其是自然生态—社会—经济的复合系统,所面临的研究对象较为复杂,尺度成为解决复杂系统的有效手段(吕一河、傅伯杰,2001;王广成,2014)。有的学者认为森林生态系统服务价值评价研究是基于一定空间和时间单元展开,因此需要准确界定评价的尺度和边界等问题(Gary K. Meffe,2002;Brian N,2009)。

早在20世纪60年代已有学者基于生态系统的时空信息来获取目标生态条件,制定相应的管理措施或确定优先治理区域,由于目标生态条件仅是植被演化与干扰所形成一系列生态条件中的一种,用它做参考的主观性较大(Keane RE, Parsons Ra et al. ,2002)。为了解决此问题,20世纪90年代,学者们对自然干扰下的景观组成和结构等动态范围进行了研究,去除了人为影响下生态参数在时间和空间上的变异,即时空变域(space - time range of variability,STRV)。STRV能够完整地描述在多时空尺度下的生态条件与过程变化范围,可更加清晰地认识现代生态系统的变化情况,使森林生态服务评价者能制定合理有效的管理措施且可将生态系统恢复至近自然状态(石小亮、张颖,2014)。

目前,世界上很多国家都对森林景观的时空变域进行了研究,但以北美研究最为集中,已成功地应用于揭示生态系统变化的原因、保护及恢复生态系统功能等多方面,而我国研究还处于初级阶段,尤其与森林景观时空变域相关的案例与定量化研究更少,存在数据缺乏、自然与人类社会变化等多因素制约的问题。

在生态学研究中,对尺度选择、转换和推绎等问题开展了大量研究,为森林生态系统服务评价的尺度与边界研究奠定了理论基础。有的学者呼吁以更宽空间尺度和更长时间尺度作为森林生态系统服务评价的特征(Egan AF et al. ,1994;傅伯杰等,2001);沈国舫认为由于林业实践活动具有时空变域特征,因此应将森林经营价值置于景观和流域层次进行评定(沈国舫,2000);大多学者认为必须在时空尺度下才能合理规划森林多功能经营方案,处理好森林多功能评价和利用的矛盾(郭晋平、张云香,2001;冉陆荣、吕杰,2008)。

基于时空变域对森林生态系统服务进行评价,以空间尺度研究较多也较深刻,而针对时间尺度研究相对较少。关于时间尺度的选择,分5~10年短期、10~100年中期和超过100年长期尺度,相对应的评价分短期、中期和长期(Grumbine R E,1994);时间尺度和空间尺度是互相关联的,空间尺度大要求时间尺度也长(于贵瑞,2001);对于时间尺度的选择,除了要考虑空间尺度外,还要根据不同现象和规律考虑代际公平(Vogt KA et al.,1997)。目前被外界公认的"世代尺度",是与景观对应的几十到一百年的时间长度(谢剑斌、查轩,2005)。

(3)关于生态系统服务健康评价的研究

生态系统健康(Ecosystem Health)研究作为一个新领域,是当今最具活力前沿的生态学科之一(Pietrock Michael,Hursky Olesya,2011;Su Meirong et al.,2013)。关于生态系统健康的概念,以及相应的评价指标体系和研究方向等,国内外学者已做了很完善的综述,但在概念理解上还存有较大分歧,还未形成统一定义(马克明等,2001;刘建军等,2002;陈高等,2004;王懿祥等,2010),但多数学者对森林健康有个隐含认识:"森林健康是在继续保持复杂性的同时又能满足人类需求的一种生态系统状态"(郑景明等,2002;孙燕等,2011)。

对于森林生态系统健康评价指标体系的选择,主要分为活力、组织结构和恢复力(傅伯杰等,2001);利用以上三个指标体系,一些学者发展了测量和预测公式,计算结果即为生态系统健康程度(Rapport DJ et al.,1998);也有学者认为森林生态系统健康评价指标体系除以上三者外,还包含管理方法、服务功能的维持、对人类健康的影响、外部输入和对邻近系统的影响等多方面,任海等首次提出了等级概念研究(任海等,2000);还有一些学者基于 Landsat 遥感影像数据,建立了压力、状态和响应等评价指标体系,评价了洞庭湖湿地生态系统的健康(廖丹霞等,2014);吴金鸿等同样利用压力、状态和响应评价指标体系,建立 PSR 模型评价了额尔齐斯河流域湿地生态系统的健康情况(吴金鸿等,2014);杜昀轩等通过构建理化和生态指标评估体系,评价了环境综合整治工程对蠡湖水生态系统健康状况的影响(杜昀轩等,2014)。

（4）关于生态系统服务长期定位监测的研究

自 20 世纪 80 年代起，全球范围内开展了多个与生态系统定位监测相关的项目（张守攻等，2001）。属于国家尺度上的项目有中国生态系统研究网络（CERN）、泛美全球变化研究所（IAI）、美国长期生态研究网络（LTER）、亚太全球变化研究网络（APN）和全球气候观测系统（GCOS）等。

我国于 20 世纪 50～60 年代，开始了森林生态系统长期定位监测研究，在 80 年代后期得到了较大发展。森林生态系统定位监测研究网络的建立，获得了大量生态系统监测数据和资料，基本掌握了本国森林生态系统的结构和功能，为森林生态系统服务研究的开展奠定了基础（傅伯杰等，2001）；近年来，对森林生态系统监测广泛应用了遥感技术，如利用激光雷达主动遥感技术，对森林生态系统进行定位监测，并提出遥感技术是未来森林生态系统服务监测网络发展的必然趋势（马利群、李爱农，2011；Jakubowksi M K et al.，2013；郭庆华，2014）。

（5）关于森林生态系统模拟模型评价的研究

在森林生态系统服务评价研究过程中，常用模型来分析和预测生态系统的复杂行为和功能，降低系统的不确定性，尽可能地优化管理模式和提高决策水平，为适应性管理策略的制定提供有益参考。

构建森林生态系统服务评价模型的基础工作是数据收集和监测，评价的效果主要取决于所构建模型对系统整体层次的科学概括程度（于贵瑞，2001）；王培娟等基于过程森林生态系统服务评价模型，对长白山自然保护区内不同分辨率下的植被净第一生产力进行了模拟（王培娟等，2006）；赵庆建等通过详细分析森林生态系统管理的研究进展情况，构建了生态服务经济优化评价、系统适应性动态演变机制和资源流动与价值传递等模型，为森林生态系统服务评价奠定了良好基础（赵庆建、温作民，2010）。

近年来，计算机技术在林业领域的应用愈加广阔，使森林生态系统服务评价模拟模型得到了广泛开展。如加拿大森林生态学家 Hamish 终生致力于森林生态系统服务评价模拟模型研究，开发出像 FORCYTE、FORECAST、FORCEE 和 HORI-ON 等一系列决策评价支持模型。这一系列模型主要被用于评估和预测森林经营管理、生物多样性等领域（张守攻等，2001）。

1.2.2 从社会学角度开展的研究

森林生态系统服务评价的过程十分复杂,不仅涉及生态学、经济学等内容,还包含许多社会学内容,但从该角度开展的研究较少,如管理体制和组织机构、管理方式、公众价值观、公众协作和参与等。

(1)关于管理体制和组织机构的研究

要想更好地协调部门或组织之间的合作关系,必须创建新森林生态系统管理机制(Vogt KA et al. ,1997);森林生态系统管理体制应由多方共同参与制定,并相应地承担不同责任,共同合作(于贵瑞,2001);如今森林生态系统管理组织机构主要是按照功能和学科来设置,不利于综合学科优势的发挥,董乃钧等认为有必要建立计划监测多学科组,制定适应能力较强的组织和制度(董乃钧等,2004)。

(2)关于管理方式的研究

在森林生态系统管理方式的选择上,多数学者认可适应性管理模式,并强调该模式的提出需要建立在民主决议和科学分析上,且可根据实际情况进行一定的修改完善。多数学者认为要充分增加政策制定者、管理者,以及公众对不确定性问题的了解,使所有人都能参与到适应性管理行动中(Vogt KA et al. ,1997;于贵瑞,2001;杨荣金等,2004);有专家认为适应性管理模式是森林生态系统管理的主要方式之一(Christensen NL. ,1996);有学者就专门总结了在不同所有制下的森林管理模式,对林权改革尤为重要(李娜娜、李月辉,2011);另外,Asah认为在森林生态系统管理过程中,应特别重视人为因素,要充分考虑到人的需求,将其整合到管理之中(Asah,Stanley T. et al. ,2012)。

(3)关于公众价值观的研究

社会公众对森林生态系统健康的认识程度,在很大程度上会影响管理模式的改变。公众价值取向的改变,会有利于森林生态系统管理的实施(Vogt KA et al. ,1997);有的学者总结了影响公众对森林生态系统管理看法的三种价值观:生态进化论观、资源保护观和浪漫色彩的保守观(陆元昌、甘敬,2002);其中在现行森林法中,是以保护生态环境为价值观,是对森林资源的一种消极保护(饶世权,2009)。随着生态经济学的不断发展,以及公众对生态环境保护认识的不断深入,应逐渐确立成熟的生态价值观。

（4）关于公众协作和参与的研究

森林生态系统管理,不仅是对民众的管理,也是民主的管理,是在不同景观水平上制定的合作政策(董乃钧等,2004);Vogt KA 等认为人类活动是改变森林生态系统过程的因素之一(Vogt KA et al. ,1997);肖君认为作为森林生态管理体系建设的主要方面——文化,它不仅能够提高公民对于森林生态的保护意识,还营造了一个全社会积极主动参与、自觉保护的文化氛围,对林业可持续发展起着积极的推动作用(肖君,2011)。

1.2.3　从经济学角度开展的研究

Costana R 等认为"评价"本身包含着经济因素,应有效利用经济手段来协调森林资源利用和需求之间的关系(Costana R et al. ,1989)。因此,一定要充分运用系统服务评价手段,将系统的生态效益以经济价值得以体现,尽可能地满足不同部门和群体的需要,调整好森林资源的短期和长期利益。从经济学角度开展森林生态系统服务价值评价研究,主要包含以下两方面:

（1）关于投资、经济激励和补偿的研究

Vogt KA 等认为在森林生态系统管理过程中,必要的投资可形成持续的生态系统管理,一般所获得的价值也会大于支出(Vogt KA et al. ,1997);董乃钧等认为要想达到最优的经济激励和补偿目的,首先政府等相关部门必须制定保护公众财产的政策法规,相应管理部门也要制定能够实现公众价值,切实保护公众权利的管理目标(董乃钧等,2004);关于森林生态系统的补偿标准研究,有的学者利用层次分析法,以伊春林管局为实例构建了森林生态系统服务补偿评价模型(李炜等,2012);另外,王重玲等利用遥感影像为基础数据,对宁夏隆德县森林生态系统服务区域进行划分,并评估了生态系统服务价值,以此确定生态补偿标准(王重玲等,2014)。

（2）关于森林生态系统服务价值评价的研究

郑景明等认为将森林系统的生态价值用经济价值形式体现,能使公众更容易和准确了解森林生态系统的整体价值(郑景明等,2002)。关于生态系统服务评价方法的研究,目前学术界主要采用以下几种方法:经济学评价、效益转化,以及能值评价法等。其中经济学评价法根据评价技术的市场基础不同,又可分模拟市场法、市场基础技术法、代理市场技术法等(Chee,2004);效益转化法主要是指先定义一个研究地,通过市场评估本研究地的经济价值,再转换到另外政策地的方法(Barton,2002)。但效益转化法的应用效果还存有广泛争议(Brouwer,2000)。转化可能无效的主要原因是转化地区之间的人口,以及物品等特征不能保证严格的相同(Ruijgrok,2001);能值评价法是源于 Odum 的系统生态学与能值等理论,目的是将复杂的生态系统服务通过一定转换以货币形式得以表现(Odum,2000)。

针对森林生态系统服务价值评价研究的具体实例,有的学者将全球生态系统服务共划分为 17 类,并评估出每年全球生态系统服务的价值为 16 万亿 ~ 54 万亿美元(Costana R et al.,1997);日本林野厅在 1978 年对全国 7 种森林类型的生态系统服务进行经济价值评估,结果相当于 1972 年全国的经济预算。侯元兆将我国森林资源价值分为三类:涵养水源、防风固沙和净化大气,并对生态服务价值进行全面评估(侯元兆,1995);吴敬东将长沙市枫香人工林生态系统服务价值分为七类并进行了评估,结果总价值为 1.03 万元/hm^2(吴敬东,2012);李国伟等按照国家林业局发布的《森林生态系统服务功能评估规范》评估了长白山林区的森林生态系统服务价值,结果森林生态系统服务总价值增加了 121.87 亿元,各项服务价值也呈上升态势,建议制定相应的生态补偿措施,继续推进天然林资源保护工程的实施(李国伟、赵伟等,2014);董卉卉等以信阳市森林资源清查数据为基础资料来源,评估了信阳市固碳制氧服务的生态价值,结果每年固碳制氧服务生态价值为 107.95 亿元(董卉卉、张学顺等,2014)。

1.3 资产负债表编制研究

党的十八届三中全会《决定》提出,"加快建立国家统一的经济核算制度","编制全国和地方资产负债表"和"探索编制自然资源资产负债表"。研究编制国家资产负债表,对于摸清国家家底、提高国家财富管理水平和透明度、把握经济变化趋势具有重要意义。

国家资产负债表包括政府、居民、企业、金融机构等所有经济部门的资产负债信息,反映整个国民经济在某一时点的资产和负债的总量规模、分布、结构以及国民财富的总体状况和水平。与国家资产负债表相联系的概念是国民资产负债核算,它是国民经济核算体系的重要组成部分,是以一个国家或地区经济资产的存量为对象的核算,反映一个国家或地区的资产负债总规模及结构、经济实力、发展水平和生产能力。只有将国民资产负债核算纳入国民经济核算体系,并与其他流量核算相结合,才能全面系统地描述国民经济发展水平和运行状况。

研究编制资产负债表有以下几方面意义:

第一,有利于评估经济运行健康状况。国家资产负债表作为一种能较准确地反映一国或地区债务风险、评估偿债能力的分析工具,已为国际社会所青睐,并成为了解一国或地区经济能否持续健康发展的重要手段。编制国家和地区资产负债表,可以监测国民经济整体和各地区、各部门债务风险,有助于及时采取措施管理风险,促进经济持续健康发展。

第二,有利于提高经济增长质量和效益。对一个国家或地区而言,在每年产出的 GDP 中,有相当大一部分是无效的。这是因为 GDP 指标存在某些先天缺陷,一些无效投资甚至破坏资源环境的活动也会被计入,而在财富形成中必须将这些部分扣除。资产负债表可以反映将无效经济活动扣除后的净资产。即国家净资产增加额持续小于当年 GDP,表明并不是全部 GDP 都形成了真正的财富积累。通过对净资产的确认和分析,可以促进经济增长质量和效益的提高。

第三,有利于提高宏观经济管理水平和透明度。对国家资产负债表进行分析和监控,可以提高国家财富管理水平和透明度。各级人大和社会各界了解国家和各个地区、部门的资产、负债和净资产,可以判断国家和本地区的家底和可能的变化趋势,进而提高国家财富管理水平和透明度。地方政府短期决策的长期成本一般难以量化;由于缺乏量化工具和公开信息,长期成本也较容易被忽略,因此容易纵容地方政府的短期行为。而国家资产负债表恰恰是连接长期和短期的有效工具,在此基础上的风险预测可以将许多短期经济政策的长期成本显现出来,因而可有效约束地方政府的短期行为。

第四,有利于提高政绩考核科学化水平。我国作为转型中的新兴市场国家,一些地方政府奉行 GDP 至上,大量投资于园区开发等,有的甚至大搞政绩工程、形象工程,由此产生了大量债务。研究编制地方资产负债表,反映地方政府资产、负债和净资产情况,有利于督促解决地方政府性债务问题,有利于促使各级领导干部树立正确的政绩观。

第五,有利于推进经济体制改革。对资产负债表进行分析,可以掌握各领域、各方面的资产和负债情况,有利于推进经济体制改革。如面对人口快速老龄化,需要及时了解养老金是否存在缺口、存在多大缺口、会在何时出现何种挑战等问题。编制和分析国家资产负债表,有助于清楚认识这些问题,适时启动和推进相关改革。

新兴市场的货币危机引发了国内外学者对资产负债表的广泛关注,从不同的角度出发对资产负债表编制进行了深入研究,如对部门(国家)资产负债表与货币危机的关系研究:资产负债表中的货币错配(currency mismatch)、期限错配(maturity mismatch)和资本结构错配(capital structure mismatch)等现象对货币危机和金融稳定性的影响研究(刘锡良、刘晓辉,2010);Allen(艾伦,美国)等(2002)利用资产负债表方法(balance sheet approach,BSA)或求权方法(contingent claims approach,CCA)来重新审视资本账户变化是如何引发货币危机和银行危机的;Gray(格雷,美国)等(2006、2007)认为可将一个典型的经济体视为该经济体所有经济人或经济部门的资产负债表系统;与传统经济分析方法侧重流量分析不同,BSA更注重从存量的角度来考察特定时点上一国的资产和负债状况;侯杰(2006)根据中国国家统计局试行编制的国家资产负债表内容,将国家资产负债表资产项目区分为"非金融资产"和"金融资产"两类;Gray 等(2006、2007)以及 Haim 和 Levy(海默和列维,以色列,2007)的资产负债表项目设计,接近于公司金融和公司财务理论中的资产负债表内容。

对政府资产负债表的研究,如早在 1936 年,美国学者 Dickinson 和 Eakin(1936)就提出把企业资产负债表技术应用于国民经济的构想。20 世纪 60 年代,耶鲁大学教授 Raymond Goldsmith 开创了国家资产负债表的研究,从金融结构和金融发展视角阐述了编制国家资产负债表的五大用途,并编制了美国自 20 世纪初至 1980 年若干年份的综合与分部门的资产负债表。之后,Revell(1966)试编了1957—1961 年英国的国民资产负债表,加拿大 1990 年开始编制以账面和市场价值计算的国民资产负债表;我国的学者杨志宏和郑岩(2014)认为政府资产负债表属于国家资产负债表的子表,是将一个国家政府部门的资产和负债先进行分类,然后分别加总得到资产负债的表格,借助政府资产负债表可以准确显示一国政府在某一时点上的家底,能全面衡量政府风险,深入分析风险形成机理、传导机制及其对宏观经济的深刻影响。

　我国的国家统计局于 2007 年出版的《中国资产负债表编制方法》一书,对政府资产负债核算的基本概念、核算原则、编制方法及国民资产的估价等进行了讨论,但迄今尚未对外公布过相关数据。目前,国家统计局已着手开展政府资产负债表的研究与编制工作,财政部也已经发布《权责发生制政府综合财务报告试编办法》,并于 2011 年在部分省市开展试编工作。国内学者关于政府资产负债表的研究刚起步,现有的研究成果包括以下三方面内容:一是根据国际经验编制中国的政府资产负债表,形成了三种不同的版本。马骏等(2012)根据英国、加拿大、澳大利亚及日本编制政府资产负债表的经验和做法,运用估值法,编制了 2002—2010 年中国的国家资产负债表和政府资产负债表。其中政府资产负债表区分为中央和地方两个层次,并分别界定了中央政府和地方政府的资产和负债项目;曹远征和马骏(2012)主要采用推测法编制了我国的政府资产负债表,虽然与马骏等人的方法不同,但二者编制的政府资产负债表基本类似;李扬等(2012)基于国民资产负债表的理论框架,参照国民账户体系和中国国家统计局数据,并通过估算初步编制了 2000—2010 年我国政府主权资产负债表。二是基于政府资产负债表评价中国的政府债务风险前景,形成了两种截然不同的观点。一方面,马骏(2012)根据编制的政府资产负债表,分析了我国国家层面总资产、总负债、非金融资产、金融资产及净金融资产等指标的年度变化,比较了上述各项指标在家庭、企业、银行、中央政府和地方政府等部门的占比,区分了政府狭义债务率和广义债务率,并对两种债务率的变化趋势做了具体阐析;曹远征和马骏(2013)通过进一步研究得出:我国政府部门的债务正处于显著上升态势,应该警惕政府债务负担进一步严重化,目前应从远处着眼,从近处着手制定相应的战略性对策;李扬等(2013)研究结论与马骏、曹远征的截然不同,认为虽然中国主权债务有宏观和结构层面的风险,但中国各年主权资产净额均为正值且呈上升趋势,表明中国政府拥有足够的主权资产来覆盖其主权负债,即在不短的时期内,中国发生主权债务危机的可能性极低。三是对政府资产负债表涉及的重大宏观经济问题进行专题研究并提出政策建议。曹远征等(2012)认为按问题的严重性排序,政府资产负债表面临的中长期风险主要来自养老金、环保成本、地方融资平台和铁路债务,从风险发生的时点来看,平台和铁路债务在今后3~4年处于还款高峰,环保欠账需要在今后十年逐步加以清理,养老金缺口将在十年后开始明显扩大;李扬等(2013)指出国家资产负债表近期面临的主要风险,体现在房地产信贷、地方债务以及银行不良贷款等项目,中长期风险更多集中在对外资产、企业债务和社保欠账,政府应根据不同时期的风险点对症下药。

1.4　森林生态系统管理研究

20世纪初期,随着生态学的快速发展,人们对资源利用的认识更加深刻,逐渐形成以传统的林业资源管理形式过渡到生态系统管理模式(Thomas,1994)。生态系统管理基本框架的形成是以1993年美国森林生态系统管理评价工作组发表的"Ecosystem Management:An Ecological,Economic,and social Assessment"报告为标志,而森林生态系统管理思想是随着生态学的发展与实践相互促进、相互验证而提出的。在1992年世界环境与发展大会后,森林生态系统管理成为国际社会理解与实现可持续发展目标的共识,在关于森林问题原则声明中共同提出了"森林应以可持续的方式进行经营"的思想(石小亮、张颖,2014)。多数学者认为森林生态系统管理的本质是一种涉及多学科的自然资源管理理论与方法,具体包括以生态学为主的自然学科,还包括社会学、经济学等多学科的支撑(于贵瑞,2002;王丁等,2012)。

1.4.1　有关森林经营理论的研究

随着社会的不断发展,人类对森林生态系统自然规律演替的认识和需求都在不断变化,世界森林自然资源管理的发展模式大体经历了四个发展阶段(吴锡麟等,2002;徐化成,2004;史丽荣、严志贵,2011;郭志刚,2014)。

(1)单纯采伐利用发展阶段

此阶段的主要特征是森林资源总量比较丰富,且多数为原始林,人们的生产及生活来源大多是靠采伐木材来满足。这致使大面积的森林被开垦成农地,甚至变成荒芜之地。如在 20 世纪 60 年代,世界正处于战争与和平的缓和期,各国都将本位主义放在前列,这不但束缚了各国商品与生产力的发展,也限制了林业的发展。如我国对于林业资源的无序采伐,限制木材及产品出口,到后期成立的林业伐木场也主要以砍伐木材为主来发展本国经济。

(2)永续利用发展阶段

在单纯采伐利用发展第一阶段后,更多的人发现森林资源不属于用之不竭的自然资源。针对于此,18 世纪德国学者 Haring 提出了森林永续利用发展理论,核心是以森林资源使用价值为取向,以单一的木材资源生产和木材资源产品的最大产出为核心,以追求最大经济利益为目的,但森林资源最大年采伐量不能超过年生长量,实现木材资源的永续利用。它的主要特征是注重森林资源能够源源不断地提供林木产品,把森林生态系统所包含的生态服务置于从属位置,主要经营手段是大量营造人工林资源弥补天然林资源的不足。如在 20 世纪 80 年代,我国将林业伐木场的名称统一改成林业采育场,旨在不仅采伐还要加强森林资源抚育。

(3)森林多价值永续利用发展阶段

此阶段的森林多价值永续利用理论内涵接近于之后提出的森林生态系统管理阶段。多价值永续利用的主要特征是不仅认识到森林资源具有经济价值,还意识到森林资源的其他价值,如净化大气环境、保持水土、改善气候、维持生物多样性、维持自然系统的持久生产能力,以及森林游憩等服务对人类的重要意义。要保护和有效利用森林,就必须适时有效地增加森林资源,并保证按森林资源的生长规律来加以永续利用森林。

(4)森林生态系统管理发展阶段

森林生态系统管理是基于人们逐渐对森林资源在社会发展中的作用,以及由于人类不合理利用森林资源造成世界范围内环境严重污染等问题的认识而形成的。对于森林资源的合理有效利用逐渐成为各国的普遍共识,森林资源可持续发展理论应运而生。作为森林资源可持续发展的有效手段——森林生态系统管理,已进入系统的研究和实施阶段。森林生态系统管理是对传统森林经理学科的继承与发展,它的理论特别注重"人类—自然资源—社会"组成的大系统,在发展过程中要合理协调各因素之间的矛盾,实现森林资源经济、生态和社会价值的统一发展。

1.4.2 森林管理理念的演进

传统的森林经营理论主要是以科学的、社会的、经济的原则来管理森林资源产业,以木材永续利用为目标来实现最大经济价值(冯仲科,2005;高玉东,2014)。关于森林经理的含义,世界各国学者先后从不同角度进行了阐述。有的学者认为森林经理主要是以森林资源为管理对象,以信息收集、规划、实施监督、验证核对以及修订为手段,以技术经济管理为核心,来建立并维持森林企业的有秩序经营,以此带动其他各项管理的有序进行(徐国祯,2000);还有学者认为森林经理是综合运用经济学、生态学、社会学,以及哲学等理论,根据林业企业的经营任务来合理组织森林经营(徐德应、张小全,1998;王绣云,2014)。

传统的森林经营理论是以1826年洪德思·哈根在《森林调查》中创立了的"法正林"学说为理论核心,是古典经济学与林学相结合的产物。哈根的法正林思想理论是将林地、森林等资源当作永续利用资本,主张森林资源的年伐量应等于或小于年生长量,每年都有林分蓄积量可供采伐利用。通过集约经营方式来提高木材资源的生长量,以实现高地租和社会财富的增加。这与当时的工业经济发展阶段是相适应的,这一理论在过去近200年,一直在支配着整个社会森林经营活动。这一理论的缺点是未遵循自然发展规律,造成森林资源结构简单、生物多样性偏低、病虫灾害多、生态功能不断下降等多种问题,经营发展模式背离了自然发展规律。因此,森林生态系统管理与传统的森林经营有着本质差别(杨学民、姜志林,2003;金文斌等,2010),如表1-1所示:

表1-1 传统森林经营与森林生态系统管理的区别

Table1-1 the difference between the traditional forest management and forest ecosystem management

比对项目	传统森林经营	森林生态系统管理
核心理论	以传统经济学为核心的法正林理论	生态学融合经济、社会、管理和系统理论
经营对象	以乔木为主的植物群落	森林生态系统的总体,包括所有生物体、非生物环境资源及其生态过程
经营措施	人工经营,如人工营造、皆伐、纯林、全垦等	仿效自然干扰机制,如人工促进天然更新、择伐混交林等
经营尺度	在林班和小班尺度上,以林场为经营单位的组织管理	在景观尺度上的区域化与社会化管理
管理目标	以木材及其他林副产品为中心,将森林生态系统的其他服务置于附属位置,以获得经济价值为主	维持森林生态系统的整体作用,将生态系统稳定性和经济社会系统稳定性结合,以持续获得理想的状态、产品和服务

　　尽管森林生态系统管理与传统的森林经营方式存在很大差别,但两者又相互联系。森林生态系统管理起源于传统的林业资源管理和利用,汲取了传统森林永续经营的科学成分,并且发展了传统的森林经营方式,使传统的永续经营模式在新的理论框架中重新得以再认识、转化与整合(任海等,2000;林群等,2007)。

第二章

研究的理论基础

"理论决定高度,高度决定视野。"任何研究需要一定的理论作指导,没有正确的理论指导,相关研究有可能是盲目的,其实践也有可能是片面的。因此,研究森林生态效益评价与资产负债表编制的理论基础,对全面、系统认识森林生态系统服务的价值,客观评价森林在社会经济发展和环境保护中的作用等具有重要的意义。

2.1 森林生态学理论

2.1.1 森林生态学

(1)森林生态学的概念

生态学原本含义是指房屋、居住和家庭等,是经由希腊词汇"Oikos"翻译得来,主要是研究有机体之间或者有机体和周边环境的相互作用关系,该概念最早是1986年由德国动物学家 Haeckel(海克尔)提出的。森林主要是指以乔木为主的生物群落,集中了林木、伴生植物、动物及其与周边环境的生态综合体(G. F. 莫罗佐夫,1903)。根据研究对象的不同特点,对某一类生物和环境关系的研究,形成了许多关于生态学的具体学科,如以动物研究为主的学科称为动物生态学,以植物研究为主的学科称为植物生态学,而主要以森林研究为主的学科是森林生态学(Forest ecology)。

因此,作为生态学的一个重要分支,森林生态学主要是研究森林(以乔木和其它木本植物为主体)结构特征、功能、分布情况,以及森林与环境之间相互作用与依存的一门科学(李俊清,2006)。

森林生态学所包含的主要内容有五方面:其一,个体生态。主要研究太阳能量、水分、气候因子、地形地貌、土壤等的生态学意义,以及研究个体对环境的反作用力,即适应性。其二,种群生态。主要研究森林生物种群之间关系以及变化的规律。其三,群落生态。主要研究群落形成与结构、群落功能和演替过程、群落特征,群落与环境影响的动态关系,以及群落生态学的研究方法和最新进展。其四,森林生态系统。主要研究植物群落和所在环境之间的物质循环和能量流动转化规律,以及系统自调节机制。其五,景观生态。主要研究异质性景观,具体有景观要素、空间格局、系统功能和动态变化规律。

(2)森林生态学的产生

森林生态学的产生,同其他学科的产生一样是建立在相关学科理论方法和实践基础上。19世纪60年代初期,生态学理论被广泛应用于植物学科,以及林业研究和生产实践并得以较快发展,这些都在一定程度上促进了森林生态学科的产生和发展。起初森林生态学科包含在造林学和林业概论等学科中,如德国K.加伊尔的《造林学》。直到20世纪初,森林生态学科逐渐成为造林学的主要部分,如德国H.迈尔所著的《造林学》、日本本多静六所著的《造林学》等。20世纪20年代以后,森林生态学逐渐形成独立学科,如德国A.登格勒所著的《造林学生态学基础》、日本镝木德二所著的《森林立地学》、美国J.W.涂迈所著的《造林学基础》、美国S.H.斯珀尔所著的《森林生态学》、美国F.S.贝克所著的《造林学原理》,以及日本河田杰所著的《森林生态学》等。

20世纪初期,我国学者关于森林生态学的研究成果如《林学概论》和《造林学》等;在20世纪20年代以后,所出成果如《造林学》前论、《造林原论》、《森林生态学》和《造林学原理》等;到60年代后期,由于系统论被引入生态学科,产生了森林生态系统理论;80年代初期,在数学和计算机等技术推动下,进一步发展为森林生态系统工程理论。至此,森林生态学已形成独立且完整的一门学科。

(3)森林生态学的发展

人类为了能够在大自然中得以生存,必须对其周边环境有所了解,如大自然的各种现象和动植物的特征,要了解这些需要具备一定的生态学科知识。我国早在周朝时期,就很重视对生态学科的掌握,如《诗经》中记载了很多有关植物分类的知识。而森林生态学科亦是随着人们在生活和生产实际过程中需要逐渐发展起来的。

早在19世纪中期,德国人洪德堡创始了植物地理学科,对世界植被的组分、分布类型、形成原因、动态,及其在实践中的应用等进行了详细论述;丹麦人瓦尔明在1895年著有《植物生态学》一书,标志了植物生态学科的诞生;随后法国、德国和我国多位林学家都相继论述了林木耐阴性等理论,如我国的著名林学家贾成章长期从事光与林木生长关系研究,是我国林木耐阴性理论研究的开拓者。

到了20世纪初期,学者更多是借助科学实验方法来研究群落与森林立地条件作用原理。伴随着生态学的进一步发展,到了20世纪20年代,"营林学"从"森林学科"中分离出来形成"森林生态学"学科。到了60年代初期,学者开始了森林生态系统研究。主要是对森林生物群落与其周边环境,以及二者之间相互作用的研究。这个时期的研究,除了借助于传统的化学、生物学和物理学等方法外,更多的是借助于气象学、计算机技术,以及森林水文学等知识。到了20世界70年代初期,由于系统生态学理论和方法的广泛应用,森林生态学研究得以进一步发展。该时期较多地应用了现代控制理论、精敏测算仪器,使研究进入了定量化、模型化阶段。如系统工程常用于森林生态系统的综合控制和管理,以实现最优结构和高效功能;自记红外线气体分析仪、放射性同位素和自记分光光度计等精敏测算仪器的应用使研究结果更加精确。

2.1.2 森林生态系统

(1)森林生态系统的概念

森林是由生物(乔木、草本植物、地被植物、灌木以及微生物等)及其周围环境(大气、水分、阳光、湿度和温度等各种非生物环境)相互作用而形成的统一体。森林生态系统主要是指森林群落与其周围环境在能量流动和物质循环作用下形成功能的系统。它是地球上众多生态系统中最重要的系统之一。本质上,森林生态系统与其他生态系统不存在差异性,能量都源于太阳能。森林生态系统的生产者主要是以乔木为主的树种;消费者主要是各种动物;还原者主要是各种微生物,它们不仅数量大且种类繁多,将森林凋落物分解成营养物质后还原到森林土壤中,使土壤更加肥沃,有利于植被更好生长,也推动了森林生态系统的健康发展(罗菊春,1992)。

(2)森林生态系统的特点

森林生态系统是陆地生态系统中面积最大、组成结构最复杂、生物总量最高、功能最完善、适应性最强的一种自然生态系统,对陆地生态环境有决定性影响。它是提供生态系统服务的重要来源,更是实现环境与发展相统一的关键(赵金龙等,2013)。如可为人类提供各种生产与生活资料,像木材及林下经济等副产品;还具有涵养水源、保育土壤、固碳制氧、净化大气环境、防风固沙、保护生物多样性,以及维持区域生态平衡等多种直接与间接的生态服务功能,是自然界中功能最完善的基因库与资源库(石小亮、张颖,2014)。因此,它具有改善人类居住环境和维持自然界生态平衡等作用。

(3)森林生态系统的类型

森林生态系统的类型主要包括:①热带雨林生态系统。主要分布于赤道南北的热带界线内,这些区域的年降水量约为 2000mm,年均温度为 23~28℃,面积约为 $1.7 \times 10^7 hm^2$,占地球现存森林面积的一半,是地球面积最大的森林生态系统。我国热带雨林多数都分布于台湾南部、云南省和海南岛等地。热带雨林生态系统的最显著特点:动植物种类丰富;群落结构较复杂;植物终年生长;藤本和附生植物比较丰富;寄生植物较多;另外,茎花现象也比较常见。②常绿阔叶林生态系统。常绿阔叶林主要分布在湿润的亚热气候带,又称为亚热带常绿阔叶林。在亚洲,除了日本和朝鲜等国家有少量分布外,以我国分布最多。常绿阔叶林和热带雨林都是由常绿阔叶树所组成,但典型的常绿阔叶林要比热带雨林结构更加简单,树冠整齐,植被较矮小。常绿阔叶林的花期一般都集中于春末夏初时期,一般多在秋季结果,林内有一定季节变化。另外,树木种类较热带雨林要少,但优势树种较多。③落叶阔叶林生态系统。主要生长在温带海洋性气候条件下,由夏季长叶,冬季落叶的乔木组成,又称为夏绿阔叶林。在我国主要分布于华北,以及东北等区域。它的季相变化十分显著,群落结构比较清晰。④寒温带针叶林生态系统。主要分布于欧洲大陆的北部和北美洲等地区,面积约为 $1.2 \times 107 hm^2$,仅次于热带雨林生态系统。主要是以针叶树为建群种,又称为北方针叶林,是寒温带的地带性植被,外貌独特且群落结构简单,净初级生产力很低。

2.2　森林可持续经营理论

2.2.1　森林可持续经营的内涵

森林资源是陆地生态系统影响环境变化的重要组成部分,为人类源源不断地提供着木材及林下产品资源。但近年来,由于人口数量的不断增加,以及对木材资源需求的不断增加,致使常规林业经营遭受到严重冲击,森林资源的可持续经营是现如今人类社会与林业共同发展的必然要求。

森林可持续经营(forest sustainable management,简称 FSM),是指在经营过程中维持森林生产力和再生产力的前提下,以尽可能地满足人类利益为基础,力争使生态、经济和社会等价值得以协调发展的经营体系。森林可持续经营是林业可持续发展的一个战略问题,是林业可持续发展的核心。

2.2.2　森林可持续经营的特征

森林可持续经营的特征主要包括:第一,可持续经营的特点。注重森林资源经营产出的持续性和稳定性;森林资源产品的多样性;注重参与式森林经营,谋求各方和各层次利益的均衡利益性;森林资源生产和再生产能力的持续性;森林生态系统整体价值的维持与提高;森林资源培育和利用的有机结合。

第二,可持续经营的层次性。森林资源可持续经营以尽可能地满足人类需求为发展目标,且可持续经营过程也随着人类需求内容和层次的不断提高而由低层次向高层次发展。包括传统的单一木材—森林主导产品—多种资源产品的产出体系;经济价值为主导——生态价值、经济价值和社会价值协调发展。

第三,可持续经营的整体性。森林生态系统的可持续经营须是将自然环境—社会系统—经济要素作为一个综合体来经营管理。要求结构合理与功能优化的统一;区域发展与世界和谐的统一;综合与和协调的统一;隔代利益的统一等。

第四,可持续经营的规律性。决定系统是否可持续发展的两个基本要素是动力和趋势。而提供发展的物质与能量基础来源于资源和能量。资源和能量都具有同期性和波动性;人类需求在一定程度上引导着产品和服务的流向,决定着产品或市场的规模,需求与资源、能量要素同样具有周期性和阶段性特性。可见人类需求与资源、能量等要素使可持续经营在时空变域上都具有规律性。

第五,可持续经营的差异性。由于地域之间的自然资源禀赋,经济发展水平不同,因此决定了采取的森林资源经营方式、措施和取得的最终成果都存在差异性,即可持续经营的差异性。所以经营上应维持在合理的区域发展梯度上,将区域的空间差异规范在临界值内。

2.2.3　森林可持续经营的主要任务和途径

（1）森林可持续经营的主要任务

传统意义上的森林经营主要是指,通过控制森林生长过程来经营森林。但森林可持续经营的主要任务更多的是在保持可持续前提下,尽可能追求高的经济和生态价值(侯元兆,2003);森林资源可持续经营是指在充分利用森林生态系统自然规律前提下,通过科学规划和控制最终实现森林生态价值、经济价值和社会价值的相互依存、相互协调的一种森林经营管理活动(石聪颖,2013)。

（2）实现森林可持续经营的途径

森林可持续经营发展的目标是在自然资源环境基础上,满足社会经济发展需求。在国际社会上,业已形成了多种能反映可持续性发展要求的森林经营管理模式:接近自然的林业理论、森林多价值理论、森林生态系统经营理论等(黄清麟,1999)。在众多模式中,最能体现森林可持续经营思想的是森林生态系统经营理论。森林生态系统经营是一条有力协调社会、经济和生态三者价值的生态途径(赵宏燕,2013)。

有的学者将森林可持续经营途径主要分为微观和宏观经营管理两类。其中微观经营管理主要包括主体和技术体系的构建;宏观经营管理主要包括公众参与、市场经济调控,以及政府宏观调控等途径的建设(郭远平,2014);还有的学者认为要想实现森林资源的可持续发展,必须做到以下五方面:其一,根据森林主导利用的功能不同对森林进行划分(如商品林和公益林)经营;其二,根据森林的生物量、健康状况和防护功能等做立地调查,并逐渐改进和完善森林调查方法;其三,开展森林生态系统研究来建立可持续健康的森林生态系统;其四,保持森林生态系统在景观水平上的稳定;其五,科学合理经营森林资源,使经济、生态和社会价值达到最大(王芳、许正亮,2014)。

2.3　森林生态系统管理理论

2.3.1　森林生态系统健康理论

到目前为止,国内外学者对森林生态系统健康概念的理解还存在众多分歧。但多数学者认为森林生态系统健康主要是指森林既能够维持复杂性,又能够满足人类需求的一种状态(Sampson et al. ,1994;Burnside,1995)。评价森林生态系统健康与否,一般从活力、组织结构与恢复力三方面来进行。对森林生态系统进行健康诊断不仅可综合分析生态情况,并可预知其发展趋势,为森林生态系统的管理提供科学依据。

2.3.1.1　生态系统健康理论的形成和发展过程

关于“健康”的概念,早在1941年美国学者 Aldo Leopold 就提出了“土地健康”的概念。在新西兰土壤学会主办的《Soil and Health》杂志上,首次提出并倡导“健康的土壤—健康的食品—健康的人”的理念。20世纪80年代,人类更加关注逆境的生态系统管理,如 Costana 和 Rapport 等生态学家认为,生态系统由于逆境的影响已经不能像过去一样服务于人类,呼吁关注逆境对于人类活动和发展的潜在威胁,更要关注生态系统的健康。Rapport 给出了生态系统健康的定义,并系统介绍了生态系统健康的理论基础、发展情况和评价标准,其中评价标准包括活力、恢复力、管理选择、组织、系统服务功能的维持、对邻近系统的破坏和对人类健康的影响和外部输入的减少等内容。

目前,关于生态系统健康的研究主要包括系统健康评估方法、系统健康评估标准、系统健康与人类健康关系、系统健康的管理方法和影响系统健康的社会、经济、文化等因素。

2.3.1.2 森林生态系统健康理论的内涵

(1)森林健康理论的概念

森林生态系统健康(Forest ecosystem health)是生态系统健康的一个主要分支,它也称为森林健康(Forest health)。森林生态系统健康除了具有生态系统健康的理论与方法外,还因本身的特殊性和复杂性具有一定特殊性的内涵。

到目前为止,针对森林健康具有一定代表性的定义主要包括三种。其一,森林健康,主要是指森林生态系统除了能够满足人类合理需求外,还能继续保持自身发展的状态。其二,森林健康的理想状态是没有任何因素能够影响或者威胁到森林资源经营目标。其中因素主要包括生物和非生物因素;森林资源经营目标既包括商业产品,又包括森林多用途价值如涵养水源、森林游憩、农田/草场防护等服务。但既无病虫害、无枯立木,又没有濒死木的森林是不现实的,只是将这些因素保持在比较低的水平状态下,使森林生态系统能够承载,并能够自我恢复。其三,健康森林是森林生态系统能够保持各组成部分功能,并能提供有效的社会、经济和生态价值,能自我调控和抵御森林火灾、病虫害等自然因素,能够维护森林生态系统的复杂性和生物多样性。

(2)森林健康的实质

根据森林生态系统健康的概念,可以得出它的理论本质与可持续发展理论是相同的。要求人类合理利用和保护森林生态系统,维护森林的稳定性和复杂性,实现森林健康。除满足人类对木材等林产品需求的同时,要充分发挥涵养水源、保护生物多样性、农田/草场防护、净化大气等多种服务。

(3)森林健康的评估

衡量森林健康与否,主要针对整个森林生态系统进行评估。健康状况评估指标主要包括森林结构、系统稳定性、系统复杂性、生物发展进程、系统恢复能力、森林物种数量、系统生产力和森林大气污染沉降物的监测等。

2.3.1.3　森林健康恢复与重建

因出发点和需求不同,对于森林健康的恢复和重建所考虑的思路和提出的措施也不同。以森林经营者角度,主要关注采取科学合理措施以防止森林衰退,使它能够持续满足人类需求;以生态学角度来讲,关注的重点是使森林功能及其周边的物理环境均处于正常状态,并对森林的健康进行定期维护、监测和评估。

尽管森林经营者和生态学家对森林健康的概念和提出的具体措施等都不同,但二者势必会随着森林健康理论和方法的不断健全而融汇一体。森林健康战略的实施应该是以森林生态学、森林保护学、森林培育学、森林土壤学,以及森林经理学等多学科为理论基础,以培育结构合理、功能完善、健康状况良好的林分和保护系统生物多样性为目标,最终才能实现森林生态系统的可持续发展。

2.3.1.4　影响森林健康的主要因素

（1）人类活动

人类活动对森林健康的影响是长期和多方面的,如人类不合理的生产性砍伐、林产品采集、地下水和矿物的开采、放牧等活动,不仅破坏了森林原有平衡结构,降低生物多样性还干扰了森林生态系统的正向演替,致使生态系统破碎化。另外,人类活动对森林生态系统健康的破坏速度要远大于其自我恢复速度,致使森林生态系统功能逐渐被弱化甚至完全丧失。

（2）森林经营管理方式

不合理的森林经营管理方式会直接或间接影响森林生态系统健康,如树种选择、造林方式等。针对树种选择应该是以适合该地区生长为宜;针对造林方式应实行精细经营,种植多种森林植被,要符合森林自然生长规律,采用间伐等经营方式,将成熟林和过熟林等按期进行采伐。

（3）外来物种入侵

近年来,人们越来越关注外来物种入侵问题,因为它不但能够影响当地区域的自然性和完整性,还严重损害当地生物的多样性甚至遗传多样性,有的还能导致乡土物种或群体的灭绝。外来物种入侵严重影响了本区域森林生态系统的结构和功能,破坏了生态系统的稳定和健康。

(4)森林生物的危害

森林生物的危害主要是指直接寄生在森林植被上的生物,主要包括动物、植物、菌类和其他生物,如失去有效控制,短期内这些物种如鼠害、线虫病、生物病毒、生物植原体等便会大量繁殖,对林木造成严重危害,进而影响整个森林生态系统健康。

(5)环境污染

环境污染如大气污染、噪声污染等会直接和间接地影响森林生态系统健康,也会给人类社会造成间接危害,这种间接危害有时会比其直接危害更大,也更难消除,如温室效应、酸雨和臭氧层破坏等。

(6)自然破坏因素

在自然因素中,对森林生态系统健康影响最大为森林火灾。它可在短期内烧毁大面积森林和大量物种,致使森林生态服务和环境无法恢复,不仅改变了区域气候、土壤特性,还改变了该地区的植被组成和演替。但须认识到火也有积极作用,如可以烧掉枯死植被增加和改善土壤的肥力,消灭有害病虫栖息地,有利于森林植被更新。因此,在森林经营过程中需要合理利用火,将火的积极作用充分发挥出来,避免火的消极影响。

2.3.2 森林生态系统适应性管理理论

2.3.2.1 森林生态系统适应性管理的理论框架

(1)森林生态系统脆弱性

森林生态系统脆弱性,主要是指森林生态系统容易受气候变化危害的范围或程度。脆弱性分为内源和外源脆弱性两种,前者主要是指系统内部的运动与没有遭受干扰系统结构作用的结果。而外源脆弱性主要包括不测因素和现实风险两种成分。森林生态系统脆弱性主要表现形式有对环境调节力降低、系统退化、生物多样性减少和生产力下降等方面。

(2)敏感性和适应性管理

敏感性主要是指森林生态系统遭受和气候环境有关的刺激影响程度,所描述与气候环境有关的刺激因素如平均气温、气候变化率和一些极端事件的发生频率与强度。根据对森林生态系统敏感性的一系列监测,可以了解森林生态系统对气候环境的响应机理,构建森林生态系统响应模型并制定适应性管理策略;适应性管理主要是指建立可测定的社会需求和生态系统功能等目标,加强控制性和调控性管理活动,提高数据的收集水平,尽可能满足森林生态系统容量与人类需求。在当前气候时刻变化的背景下,适应性管理的提出不仅可增加林业产值,还能有效防止森林退化并改善生态环境。

(3)适应性管理模式工具

森林生态系统适应性管理,综合考虑了生物、化学和人类活动,有效地将自然学科和人文社会学科紧密地联系起来。有关适应性管理的模式工具主要包括气候模式、陆地水文模式、大气化学模式、社会经济学模式等。

(4)适应性管理尺度

针对森林生态系统的管理经营,管理基本单元都具有一定的时空变域性(石小亮、张颖,2014)。森林经营管理主要经历了单纯采伐利用、永续利用和森林可持续经营等三个阶段。在不同时空变域下,由于森林经营管理理念、技术方法体系和最终要达到的目标都不同,因此需要根据经营的基本单元来提出具体管理措施。如传统的单纯采伐利用阶段,森林经营主要关注经营单元的内部影响,忽略了外部对森林系统的影响,更未考虑过可持续性发展问题。

(5)生态系统的恢复与诊断

森林生态系统恢复主要是对森林、湿地、草地、沙地、灌木等生态系统停止人为因素干扰,利用森林生态系统的自我恢复能力,辅助以人工措施使遭受破坏的生态系统自我调节向有序的方向演化;生态系统诊断主要是指对系统的变化幅度、稳定性、抗干扰性和空间尺度等各驱动因子的变化数据进行监测。

2.3.2.2 森林生态系统适应性管理的概念框架

森林生态系统适应性管理的措施主要包括森林抚育、水资源调度、森林施肥、农业布局和人口调整和整地造林等。需要根据森林生长的不同阶段来分步实施和调整适应性管理措施,以最终实现森林生态系统的可持续发展。森林生态系统适应性管理的概念框架如图 2-1 所示:

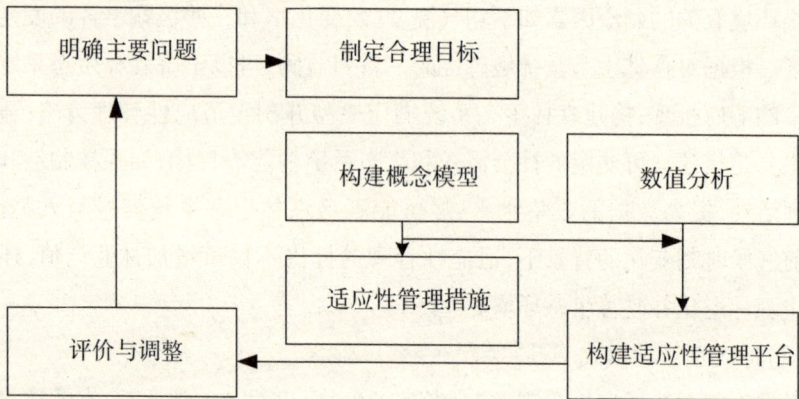

图 2-1　森林生态系统适应性管理概念框架

Fig. 2-1　Conceptual framework of adaptive management about forest ecological system

由图 2-1 可知,要想进行森林生态系统适应性管理首先需要明确要解决的问题,以此制定合理目标。通过建立概念模型,对森林生态系统中的不确定因素和一些生态胁迫因子进行甄别,模拟不同适应性管理措施对系统的影响,根据模拟结果选择具体的适应性管理措施并构建适应性管理平台,对一系列过程评价和调整。

2.3.2.3　森林生态系统适应性管理的特征

(1)复杂性和不确定性

森林生态系统属于复杂巨系统,它囊括了经济、社会和生态环境等多方面,具有十分复杂的时空变域结构,呈现出多维性、非线性和动态性等特征。这些特征导致在森林生态系统适应性管理实际过程中存有很多不确定性因素,且这些不确定因素可能会随着时间的延伸表现出不规则变化而更加趋于复杂,很难提前预测。

(2)综合学科

针对森林生态系统开展适应性管理,整个过程涉猎多个学科,不仅需要植物学、水文地理学、大气科学、森林水文学等理论基础,还需要系统工程学、生物数学、计算机等技术和方法。除此之外,生态系统的适应性管理还需要综合考虑公众价值观、社会科学和经济价值等问题。

(2)跨区域性

森林生态系统适应性管理具有跨区域性质,因此应该打破以往在林业生产实践过程中的"以场定居,以场轮伐"经营管理模式,以生态学为理论基础,将更多新的尺度观念引入森林可持续经营过程中,创建符合生态学规律、更加科学合理的行业管理规范具有重要意义。

总之,在气候变化背景下的森林生态系统适应性管理不仅有利于改善生态环境,还能有效地提高社会经济发展水平,很适合区域的可持续发展,被认为是森林生态系统管理的关键。

2.4　系统动力学理论

2.4.1　系统动力学的定义

早在 1956 年,美国的福瑞斯特(Forrester J. W.)教授就创建了系统动力学(System Dynamics)也称为系统动态学,它作为系统科学与管理科学的一个分支,是联结自然科学与社会科学的横向学科。主要用于分析系统反馈信息和解决系统问题的综合学科。

系统动力学主要是以客观现实为研究对象,将一系列复杂问题系统化,以 20世纪 40 年代维纳教授的控制论为基础,通过计算机模拟预测复杂系统未来的发展变化。

2.4.2　有关系统动力学的基本概念

(1)系统

在系统动力学领域中,所研究的"系统"范围比较广泛,大的如社会—经济—生态综合系统,小的如企业经营管理系统等。其中的系统具体是指由相互区别并作用的各个组成部分为同一目的有机地联结在一起来共同完成某功能的集合体。

（2）系统结构及其描述

从系统论观点讲，结构主要是指单元秩序，是组成系统的各个单元和单元之间的关系，是各要素在时空变域上的排列和组合形式，系统结构图如 2 - 2 所示：

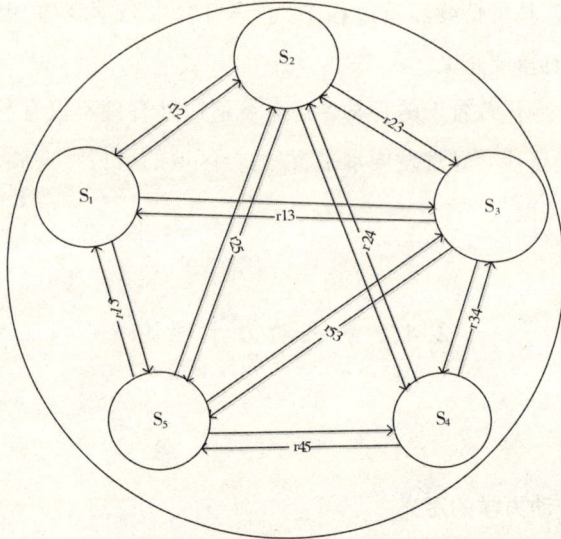

图 2 - 2　系统结构示意图

Fig. 2 - 2　Diagram of system structure

在系统结构示意图 2 - 2 中，大圆圈代表整个系统 S，小圆圈 S_1、$S_2\cdots$，S_n 代表子系统，小圆圈之间的连线 rij 代表子系统之间的关系。

（3）模拟

模拟本身的含义是对真实事物或某个过程的虚拟再现。其中仿真是重现系统外在表现的一种特殊模拟形式。系统动力学仿真模拟主要是借助于计算机软件建立系统模型进行数值分析，通过结果分析了解系统随时间变化的行为。

2.4.3　系统动力学理论的基本观点

系统动力学理论的基本观点包括以下五方面。第一，运用系统动力学理论和方法研究的前提条件是鉴别该系统是否为平衡有序的耗散结构。其中耗散结构主要是指处于远离平衡状态下的系统,在能量流和物质流作用下可通过自组织形成新的有序结构。

第二,系统及其主要特征。具备通过自组织能够形成新有序结构的耗散性质系统如社会系统、经济系统和大的生态环境系统;系统是结构与功能的统一体,复杂系统是指具有多个变量、多回路的反馈系统。

第三,系统内部结构决定了系统行为性质。在一定情况下,外部环境的变动和干扰发挥着一定作用,但外部影响因素归根结底由于内因才能发挥作用。

第四,重要变量与敏感变量。系统中的重要变量主要是指对系统内部结构和行为性质影响较大,且被包含在主回路中的变量。另外,系统中还存在一些对外界干扰反应十分敏感的变量,当系统处于临界点时,干扰因素对敏感变量的作用有可能会导致新旧结构更迭。

第五,系统的进化。系统动力学研究的重点不仅研究在同一结构下结构和行为的关系,还研究系统新旧结构更迭过程中产生的各种行为模式。

2.4.4 系统动力学研究问题的步骤

系统动力学研究问题的步骤主要可分为五大步。①利用系统动力学理论和方法分析问题;②对系统进行结构分析,主要是划分系统层次与子块以确定反馈机制;③利用系统动力学语言来表述系统与结构即建立数学模型;④利用模型模拟分析,发现新问题修正模型再进行模拟分析;⑤对评估模型进行检验。

(1)系统分析

系统分析的主要任务是利用系统动力学理论和方法剖析问题要因。具体步骤为调查和收集与系统情况相关的数据资料,明晰需要解决的问题和用户需求,分析问题的变量与主要变量并划定系统界限以确定系统行为的参考模式。

(2)系统结构分析

系统结构分析的主要任务是对信息进行分析处理,确定反馈机制。具体步骤为明晰总体和局部反馈机制,划分系统层次和子块,定义变量并确定主要变量,确定系统的主回路及性质并分析其随时间转移的可能性。

（3）建立数学模型

建立数学模型的具体步骤为建立系统动力学的主方程，确立参数并给所有方程赋值。

（4）模型模拟分析

利用模型进行模拟分析，找出问题并寻求问题对策以修正模型。

（5）评估模型的检验

判断一个模型的正确性与有效性，应该对评估模型进行检验，此步骤并不全部是一起完成，其中相当一部分内容是分散开展的。系统动力学研究问题的步骤如图2-3所示：

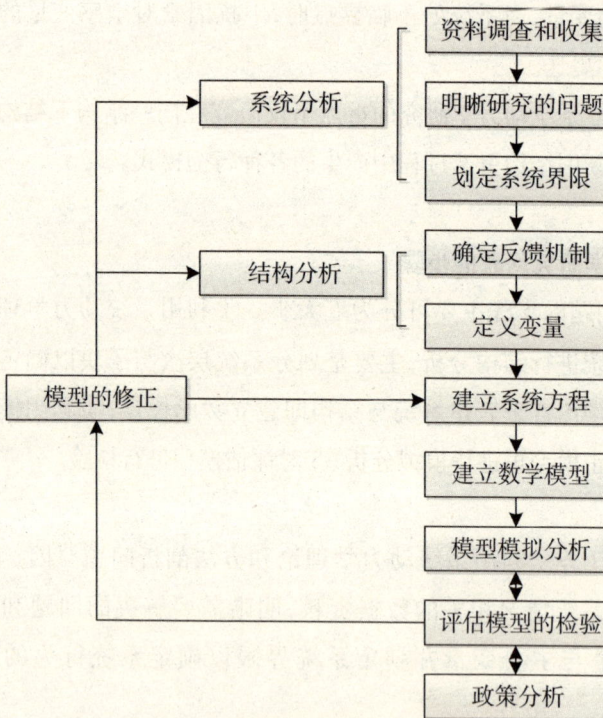

图2-3　系统动力学研究步骤

Fig. 2-3　Research process of system dynamics

2.5　本章小结

　　本章主要对论文所涉及的基础理论和方法进行归纳阐述。如森林生态学理论,主要介绍了理论的基本概念、产生和发展,以及森林生态系统的概念,特点和类型;森林可持续经营理论,包括森林可持续经营的内涵、主要特征、森林可持续经营的主要任务和实现森林可持续经营的途径;森林生态系统管理理论,主要从两方面进行阐述,一是森林生态系统健康理论,阐述了该理论是如何形成和发展,总结了森林健康恢复和重建的思路、措施和影响森林健康的主要因素;二是森林生态系统适应性管理理论,阐述了该理论的框架和特征等内容。最后从系统动力学理论的定义、基本概念、观点和研究问题的步骤进行了详细阐述。

第三章

森林生态系统服务价值评价的概念、界定、指标体系

　　森林生态系统服务价值评价是一项复杂的系统工程。它不仅涉及对森林生态系统服务的认识,也涉及生态学、环境学和经济学等方面的知识。它更需要对森林生态系统服务的相关概念清晰的界定和评价指标体系科学的确定。

3.1 评价的概念、界定

3.1.1 森林生态系统服务的概念

　　森林生态系统服务主要来源于森林生态系统的功能,而不同的森林生态服务来源于森林生态系统的不同功能(James Boyd,2006)。可知"功能"与"服务"之间有本质区别,不能混为一谈,"功能"为源,是存量概念;"服务"为流,是流量概念。目前国际上比较认同的是:森林生态系统服务是被人类利用了的森林生态系统某部分功能,因为被人类利用才具有了被估价的可能。因此,森林生态系统服务主要是指人类能够直接或间接地从森林生态系统的功能中获得的各种收益(Robert Costanza,Ralphd Arge,et al.,1997)。Costanza 等很多学者都对"服务"这一术语表述为"人类从生态系统中能够获得的有形或者无形的收益"。

　　因此,确认森林生态系统服务的概念和划分好研究边界是精确研究价值的前提,否则会造成疏漏、重复,以及口径不一等问题。森林生态系统服务分类的标准

化也直接关系到评价结果的可比性。但目前国内外对森林生态系统服务的分类十分混乱,最大、最多的错误是发生在对 MA[①] 的一个中文翻译本《生态系统与人类福利:评估框架(摘要)》中。MA 的这个中文译本中共有 103 处将"生态系统服务"流量概念翻译为"生态系统服务功能",不知该词在此处是指资产还是指生产。如其中将"支持服务"译成"支持功能",将"调节服务"译成"调节功能",将"供给服务"译成"供给功能"等。因此,该权威文件也制造了我国学术界的混乱,以至于还误导了国家制定的林业行业标准——国家林业局在 2008 年 4 月 28 日发布的中华人民共和国林业行业标准(LY/T1721 - 2008)《森林生态系统服务功能评估规范(Specifications for Assessment of Forest Ecosystem Services in China)》。

3.1.2　森林生态系统服务的分类

目前,对森林生态系统服务的分类还未形成统一的认识。如联合国等五部门共同发布的《环境经济综合核算体系——核心框架》,即 SEEA - 2012 中将森林环境服务划分为水土保持、生物多样性保护、固碳以及森林游憩等(United Nations, European Commission, et al., 2012)。世界粮农组织(FAO)在《森林环境和经济账户指南》中将森林环境服务内容划分为水土保持、生物多样性保护、固碳、森林旅游、降低噪声、农作物授粉、防风、防止还有风暴与精神价值等(联合国粮农组织林业司,2004)。韩国将森林环境服务划分为涵养水源、景观游憩、森林保安、净化环境等内容;日本将森林环境服务主要划分为 8 类 55 个子服务如包括涵养水源、生物多样性保护、土壤保护、地球环境保护、保健休闲、营造舒适环境、文化等(侯元兆、张颖等,2005)。瑞典将森林环境服务主要划分为固碳;法国则为森林旅游;南非主要为农作物授粉和水土保持;哥斯达黎加主要为涵养水源和防止土壤流失(联合国粮农组织林业司,2004)。MA 主要是根据森林生态系统的功能将森林生态系统服务主要划分成供给、文化、调节与支持四大服务,但它也承认这些分类存在重合情况。

我国对森林生态系统服务内容的划分也不一致,如有的学者将森林生态系统服务主要分为水土流失、涵养水源、野生动物保护、供给 O_2、森林游憩、降低噪声、

---

① 由 95 个国家共 1360 位学者完成的《联合国生态系统千年评估报告(Millennium Ecosystem Assessment)》。

森林卫生保健等(侯元兆、张颖等,2005)。我国政府根据自身的国情和林情,结合已有数据情况和管理需要确定了有中国特色的官方资源环境核算理论与方法,在一定程度上借鉴了联合国、国际粮农组织,以及欧盟统计局等国际组织编写的《综合环境经济核算(SEEA - 2012)》《联合国粮农组织林业环境与经济核算指南(Manual for environmental and economic accounts for forestry:a tool for cross - sectoral policy analysis)》,以及《欧洲森林环境与经济核算框架(The European Framework For Integrated Environmental and Economic Accounting For Forests - IEEAF,2002)》等手册。2004 年,国家统计局与国家林业局共同提出了森林资源核算的框架和方法,并制定了基本的核算公式。之后在 2008 年 5 月国家林业局又实施了《中华人民共和国林业行业标准 LY/T1721 - 2008 森林生态系统服务功能评估规范》,其中将森林生态系统服务内容主要分为涵养水源、保育土壤、固碳制氧、积累营养物质、净化大气环境、农田/草场防护、生物多样性保护和森林游憩等八个方面。

按照我国主流做法,在参考以上学者研究成果,以及参考《中国可持续发展战略研究专题 2:对森林功能再认识》和《中国森林资源与可持续发展》等文献后,大部分学者将森林生态系统服务主要归为涵养水源服务、保育土壤服务、净化大气环境服务、农田/草场防护服务、生物多样性保护服务、固碳制氧服务、景观和游憩服务、社会服务等八个方面。需要注意的一个重要问题是森林生态系统的一部分服务是不能被人类直接利用的,MA 将该部分称之为"支持服务",这些支持服务与其他三种服务(供给、调节和文化服务)最大的区别是只能通过间接的方式对人类产生影响,应当对"支持服务"进行估价,法国环境核算专家 J - LPERY - ON 将 MA 提出的"支持服务"叫作"自养服务",从近年来的国际大多文献来看,"自养服务"作为非最终产品不应予以估价,因为人类从森林生态系统中受益的只能是最终产品(Jean - LucPeyron,2005)。因此本研究去除了对"森林积累营养物质"一类的自养性服务。

另外,对森林生态系统服务价值评价时,一般分为森林经济性、生态性和社会性三种服务类型。森林经济性服务主要是指森林系统直接服务于经济产出所带来的效益如林下经济(采集业、养殖业、森林旅游业、种植业等);森林生态性服务主要是指基于森林系统本身具有的功能而提供的纯生态性服务如保育土壤、涵养水源、净化大气环境等;森林社会性服务主要是指直接服务于社会而产生的效益,当人类利用后会产生物质和精神方面的收益,可消除疲劳也可起到愉悦身心的效果如森林游憩、森林保健、文化、提供就业机会等。为此本研究将景观和游憩服务、社会服务归为森林的社会性服务类别中。即本研究中的森林生态系统服务主要包括涵养水源、保育土壤、净化大气环境、农田/草场防护、生物多样性保护和固碳制氧六方面。

3.1.3 森林生态系统服务的特点

森林生态系统服务不仅可以改善生态环境,还可以维持生态平衡。

第一,涵养水源服务。森林具有涵养水源服务,且是陆地生态系统中涵养水源能力最强的系统,素有"绿色水库"之称。随着人类对水资源需求的不断增加,以及全球水资源环境的急剧恶化,森林具有涵养水源服务愈加引起人们的高度重视(石小亮、张颖,2015)。森林具有涵养水源服务,主要是指森林的林冠、枯落物层、林地土壤层等对降水的截留、蓄存,并最终将大气降水转为地表径流或地下水。具体来讲,林冠截留主要是指当大气降水到森林,首先受到林冠层的阻挡,降水受重力均衡与表面张力等作用被积蓄在枝叶分叉处的过程;枯落物层可减少降水对森林土壤冲击,减缓水流速度及径流泥沙量的形成,增加土壤层涵养蓄水机会,截水能力主要受枯落物含水率、蓄积量、降雨量及降雨历时等因素影响;林地土壤由于受凋落物、林下植被及树根等特殊生物群影响,使其不同于其他植被土壤,具有一些独特的水文特征,是林木健康成长基础。土壤的物理性质对水分蓄存量和蓄存方式影响较大,是涵养水源的主体部分。

不同专家从不同角度阐述了涵养水源服务。如指出涵养水源服务主要是指森林生态系统具有蓄水、调节径流、削洪补枯和净化水质等功能(Jin F,Lu S W,Yu X X et al. ,2005);不同类型的森林,由于树种生物学特性及林分结构不同,致使涵养水源服务也不同(Yang LI,Baitian WANG,2012);森林生态系统特有的水文生态效应,使森林具有了蓄水、调节径流、净化水质、缓解洪涝及补充枯水期的水量等服务(张建列,1984);涵养水源服务的发挥主要是通过林冠层、枯落物层及其土壤层对降水的再分配作用而实现,这极大地影响了森林生态系统的水分平衡(PeareeAJ,Stewart M K,et al. ,1986;张洪江、杜士才,2010);涵养水源服务的主要服务与其所处森林结构、土壤物理性质、区域气候条件、枯落物状况以及地质环境等密切相关,是森林系统与其周围环境共同作用的结果(邓坤枚等,2002);有的学者从森林林冠截留降雨、枯枝落叶层及土壤持水性三面定量分析了北大河林业局涵养水源服务能力,并评估了涵养水源价值,为该局实施分类经营后,建立生态补偿机制提供了基础数据(马占元,2002);赵传燕等论述了干旱区涵养水源服务机理,主要包括三方面:一是森林植被对降水截留能力的测定;二是森林枯落物持水能力的测定;三是土壤水分动态测定和森林对河川径流影响的观测。赵传燕等根据长期的定位观测资料分析,得出涵养水源服务在干旱区环境建设中具有十分重要意义(赵传燕等,2003);余新晓等认为森林主要是由林冠层、枯落物层和含根土壤层等三个作用层组成,三个不同作用层在涵养水源上具有不同服务(余新晓等,2004);曲鹏禄等认为涵养水源服务主要由三个作用层来予以完成,森林林冠具有良好的植物截流作用,能够重新分配降水且能减弱降雨强度与避免雨水对地面的直接打击;而地表的枯枝落叶层及腐殖质层能够吸滞存留泥沙恶化等污染物,避免了河流污染的发生(曲鹏禄等,2009)。

本研究主要选取了涵养水源的两个最主要服务:净化水质和调节径流。

第二,保育土壤服务。森林具有保育土壤服务,主要是指森林植被的凋落物层和土壤层都会截留大气降水对表土的冲击,同时根系还具有固持和防止土壤崩塌,保持土壤肥力,以及改善土壤结构等作用。具体来讲,森林树冠层、枯枝落叶层不但截留大气降水,还有效地缓解了降水对土壤的直接冲击力;林下网络根系与土壤盘结在一起,起到很好的固土作用,也很好地调节了土壤的温度和湿度,增加了土壤对营养元素的积累能力。

本研究主要选取了保育土壤的几方面服务:森林固土、森林土壤保氮、森林土壤保磷、森林土壤保钾和森林土壤保有机质。

第三,净化大气环境服务。森林具有净化大气环境服务,主要是指森林生态系统具有提供负氧离子、吸收 SO_2、吸收氮氧化物、吸收氟化物、滞尘和降低噪音等效用。大气系统中存在多种对人类及其生存环境有害气体,如 SO_2、NO_x、Cl_2、HF 等。森林植被通过吸收周围环境中的化学物质进行生物化学等合成作用转变成本身所需物质。在此过程中,森林植被吸收了大量有害物质,并将其进行转化、分散和富集(李金昌等,1999)。森林植被的树叶、树枝及其树干的表面比较粗糙,有的还长有大量绒毛和油脂、汁液等,致使其具有吸附粉尘作用。

本研究主要选取了净化大气环境服务的六方面指标:森林提供负离子、吸收 SO_2、吸收氮氧化物、吸收氟化物、滞尘和降低噪声等。

第四,农田/草场防护服务。农田/草场防护主要是指森林具有抵御风沙、干旱、洪水、霜冻、盐碱、台风等自然灾害的服务。其中森林抵御风沙作用主要从降低风速和改变风向两方面表现。森林植被具有高大树干和繁茂枝叶,能有效地降低风速和改变风向。除此之外,森林植被还能利用庞大根系固定沙土,逐渐将流沙固定形成沙丘。实施防护林工程,不但可改善原有恶劣的自然环境,还可在一定程度上增加农作物产量。如我国实施的"三北"防护林工程不仅利用了森林生态系统具有的涵养水源、保育土壤功能,还利用了农田/草场防护服务取得了重大成果。本研究亦是利用由于森林/草场防护带的存在可使农作物增产的研究成果。

第五,生物多样性保护服务。森林生态系统是生物多样性的重要组成部分,更是生物多样性存在的前提条件。森林生态系统不仅为各类生物提供了繁衍生息场所,还也为动物及其他生物提供了食物资源,这些都为生物的进化提供了有利条件。森林生态系统是维持生态平衡的基础,也是人类赖以生存的物质基础。根据相关研究显示:每年由生物多样性产生的经济价值约3万亿美元,约占世界生态系统总价值的11%。

第六,固碳制氧服务。森林生态系统具有固碳制氧服务,主要是指通过森林植被、森林土壤固定碳元素,通过植被光合作用释放 O_2。森林的固碳制氧服务对生态环境、人类社会,乃至整个生物界都具有十分重要的意义。

在1997年的联合国气候气候大会上,确认 CO_2 是引起温室效应的最主要原因。有关研究表明,在陆地生态系统中,森林生态系统是吸收 CO_2 最多的自然因素,森林植被及其土壤中的碳储存量分别占全球陆地植物与土壤中碳贮量的83%和63%(周晓峰,1999)。可见森林是陆地生态系统中最大碳库,森林对全球气候变化和碳平衡有着十分重要的影响。

另外,大气中现存 O_2 主要是由森林植被的光合长期作用释放结果。植物利用太阳能(28.3kg),吸收 CO_2(264g)和 H_2O(108g),通过化学反应产生葡萄糖(180g)和 O_2(192g)。其中葡萄糖会继续转化为多糖、纤维素或淀粉(162g),整个化学反应方程式如下所示:

$$CO_2(264g) + H_2O(108g) \rightarrow 葡萄糖(180g) + O_2(192g) \qquad (3-1)$$
$$\Downarrow 多糖(162g)$$

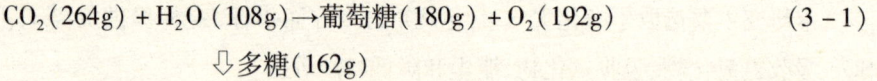

由化学方程式(3-1)得到,植物在光合作用时,每产生162g干物质(糖、纤维素或淀粉)时需要吸收 CO_2 为264g,释放 O_2 为192g。即植被每产成1t干物质需要固定 $1.63tCO_2$,释放 $1.2tO_2$。

根据相关研究结果表明:每 hm^2 阔叶林每天经光合作用能够吸收 CO_2 约1000kg,可释放 O_2 为730kg,即每 hm^2 森林每天释放的 O_2,可供约1000人呼吸。

本研究固碳制氧主要选取了森林植被固碳、森林土壤固碳和森林制氧三方面服务。

3.2 评价的指标体系

通过以上对森林生态系统服务价值评价的界定,本研究所涉及的评估指标体系共包括6个大类别16个评估指标如图3-1所示:

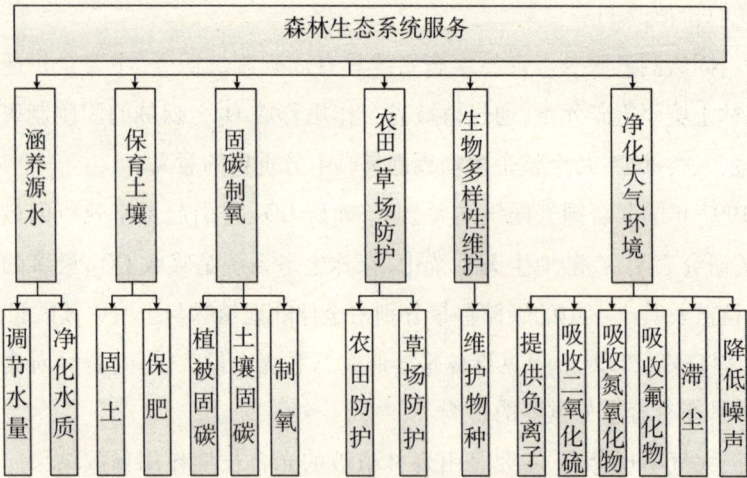

图 3-1 森林生态系统服务价值评估指标体系

Figure 3-1 **Evaluate quota system of forest ecosystem service values**

3.3 评价的方法、依据和资料来源

3.3.1 评价方法

根据对森林生态系统服务价值评价的界定,结合吉林森工集团森林资源的实际状况确定的森林生态系统服务实物量和价值量的评价公式如表 3-1 所示:

表 3-1 森林生态系统服务实物量和价值量评价公式

Table 3-1 Evaluation formula of physical quantity and value of forest ecosystem services

服务类别	指标	评价公式及其参数说明
涵养水源	调节水量	实物量: $G_{调} = 10A(P - E - C)$, $G_{调}$ - 森林调节水量, $m^3 \cdot a^{-1}$; P - 大气降水量, $mm \cdot a^{-1}$; E - 森林蒸散量, $mm \cdot a^{-1}$; C - 地表径流量, $mm \cdot a^{-1}$; A - 森林面积, hm^2 。 价值量: $U_{调} = G_{调} \times C_{库}$, $U_{调}$ - 森林生态系统每年调节水量价值, 元 $\cdot a^{-1}$; $C_{库}$ - 森林每年蓄水水量价格, 元 $\cdot m^{-3}$ 。
	净化水质	实物量:公式同森林调节水量。 价值量: $U_{水质} = G_{调} \times K$, $U_{水质}$ - 森林年净化水质价值, 元 $\cdot a^{-1}$; K - 水的净化费用(居民用水平均价格), 元 $/m^3$ 。
	总价值	$U_{涵养水源} = U_{调} + C_{水质}$, $U_{涵养水源}$ - 森林涵养水源价值, 元 $\cdot a^{-1}$ 。
保育土壤	森林固土	实物量: $G_{固土} = A(X_2 - X_1)$, $G_{固土}$ - 森林年固土量, $t \cdot hm^{-2} \cdot a^{-1}$; X_1 - 林地土壤侵蚀模数, $t \cdot hm^{-2} \cdot a^{-1}$; X_2 - 无林地土壤侵蚀模数, $t \cdot hm^{-2} \cdot a^{-1}$; A - 森林面积, hm^2 。 价值量: $U_{固土} = \dfrac{G_{固土} \times C_{土}}{\rho}$, $U_{固土}$ - 森林年固土价值, 元 $\cdot a^{-1}$; $C_{土}$ - 挖取和运输单位体积土方所需费用, 元 $\cdot m^{-3}$; ρ - 林地土壤容重, $t \cdot m^{-3}$ 。
	森林保肥	实物量(保 N): $G_N = G_{固土} \times N$, G_N - 减少的氮流失量, $t \cdot a^{-1}$; N - 土壤含氮量, %。 价值量(保 N): $U_N = \dfrac{G_N \times C_1}{R_1}$, U_N - 森林年保氮价值, 元 $\cdot a^{-1}$; R_1 - 化肥含氮量, % ; C_1 - 化肥价格, 元 $\cdot t^{-1}$ 。

服务类别	指标	评价公式及其参数说明
		实物量(保P):$G_P = G_{固土} \times P$,G_P – 减少的磷流失量,$t \cdot a^{-1}$;P – 土壤含磷量,%。
		价值量(保P):$U_P = \dfrac{G_P \times C_1}{R_2}$,$U_P$ – 森林年保磷价值,元$\cdot a^{-1}$;R_2 – 化肥含磷量,%;C_1 – 化肥价格,元$\cdot t^{-1}$。
		实物量(保K):$G_K = G_{固土} \times K$,G_K – 减少的钾流失量,$t \cdot a^{-1}$;K – 土壤含钾量,%。
		价值量(保K):$U_K = \dfrac{G_K \times C_2}{R_3}$,$U_K$ – 森林年保钾价值,元$\cdot a^{-1}$;R_3 – 氯化钾化肥含钾量,%;C_2 – 氯化钾化肥价格,元$\cdot t^{-1}$。
		实物量(保有机质):$G_M = G_{固土} \times M$,G_M – 减少的土壤有机质含量,$t \cdot a^{-1}$;M – 土壤有机质含量,%。
		价值量(保有机质):$U_M = G_M \times C_3$,U_M – 森林年保有机质价值,元$\cdot a^{-1}$;C_3 – 有机质价格,元$\cdot t^{-1}$。
		森林土壤保肥价值:$U_{肥} = U_N + U_P + U_K + U_M$,$U_{肥}$ – 林分年保肥价值,元$\cdot a^{-1}$;U_N – 林分年保氮价值,元$\cdot a^{-1}$;U_P – 林分年保磷价值,元$\cdot a^{-1}$;U_K – 林分年保钾价值,元$\cdot a^{-1}$;U_M – 林分年保有机质价值,元$\cdot a^{-1}$。
	总价值	$U_{保育} = U_{固土} + U_{肥}$,$U_{保育}$ – 林分年保育土壤价值,元$\cdot a^{-1}$;$U_{固土}$ – 林分年固土价值,元$\cdot a^{-1}$。
净化大气环境	提供负离子	实物量:$G_{负离子} = \dfrac{5.256 \times 10^{15} \times (Q_{负离子} - 600) \times A \times H}{L}$,$G_{负离子}$ – 林分年提供负离子个数,个$\cdot a^{-1}$;$Q_{负离子}$ – 林分负离子浓度,个$\cdot cm^{-3}$;H – 林分高度,m;L – 负离子寿命,分钟;A – 林分面积,hm^2。 价值量:$U_{负离子} = G_{负离子} \times K_{负离子}$,$U_{负离子}$ – 林分年提供负离子价值,元$\cdot a^{-1}$;$K_{负离子}$ – 负离子生产费用,元$\cdot$个$^{-1}$。
	吸收SO_2	实物量:$G_{二氧化硫} = Q_{二氧化硫} \times A$,$G_{SO_2}$ – 森林年吸收SO_2量,$kg \cdot a^{-1}$;Q_{SO_2} – 单位面积森林吸收SO_2量,$kg \cdot hm^{-2} \cdot a^{-1}$;$A$ – 森林面积,hm^2。 价值量:$U_{二氧化硫} = G_{二氧化硫} \times K_{二氧化硫}$,$U_{SO_2}$ – 林分年吸收SO_2价值,元$\cdot a^{-1}$;K_{SO_2} – SO_2治理费用,元$\cdot kg^{-1}$。

服务类别	指标	评价公式及其参数说明
吸收氟化物		实物量：$G_{氟化物} = Q_{氟化物} \times A$，$G_{氟化物}$ — 森林年吸收氟化物量，$kg \cdot a^{-1}$；$Q_{氟化物}$ — 单位面积森林吸收氟化物量，$kg \cdot hm^{-2} \cdot a^{-1}$；$A$ — 森林面积，hm^2。 价值量：$U_{氟化物} = G_{氟化物} \times K_{氟化物}$，$U_氟$ — 林分年吸收氟化物价值，$元 \cdot a^{-1}$；$K_{氟化物}$ — 氟化物治理费用，$元 \cdot kg^{-1}$。
吸收氮氧化物		实物量：$G_{氮氧化物} = Q_{氮氧化物} \times A$，$G_{氮氧化物}$ — 森林年吸收氮氧化物量，$kg \cdot a^{-1}$；$Q_{氮氧化物}$ — 单位面积森林年吸收氮氧化物量，$kg \cdot hm^{-2} \cdot a^{-1}$；$A$ — 森林面积，hm^2。 价值量：$U_{氮氧化物} = G_{氮氧化物} \times K_{氮氧化物}$，$U_{氮氧化物}$ — 年吸收氮氧化物总价值，$元 \cdot a^{-1}$；$K_{氮氧化物}$ — 氮氧化物治理费用，$元 \cdot kg^{-1}$。
滞尘		实物量：$G_{滞尘} = Q_{滞尘} \times A$，$G_{滞尘}$ — 林分年滞尘量，$kg \cdot a^{-1}$；$Q_{滞尘}$ — 单位面积林分年滞尘量，$kg \cdot hm^{-2} \cdot a^{-1}$；$A$ — 林分面积，hm^2。 价值量：$U_{滞尘} = G_{滞尘} \times K_{滞尘}$，$U_{滞尘}$ — 林分年滞尘价值，$元 \cdot a^{-1}$；$K_{滞尘}$ — 降尘清理费用，$元 \cdot kg^{-1}$。
降低噪声		实物量：$A_{降噪} = \dfrac{1000}{D_0} \sum\limits_{i=1}^{n} D_i \times L_i$，$A_{降噪}$ — 隔音墙林带降低噪声的当量长度，m；n — 公路条数，$i = , 2, \cdots, n$；L_i — 第 i 条公路林带的单侧长度，km；D_i — 第 i 条公路单侧林带宽度，m；D_0 — 相当于声屏障降低噪声效果的林带宽度，m。 价值量：$U_{噪声} = A_{降噪} \times K_{噪声}$，$U_{噪声}$ — 林分年降低噪声价值，$元 \cdot a^{-1}$；$A_{降噪}$ — 相当于隔音墙的林带降低噪声当量长度，m；$K_{噪声}$ — 每年每当量长度降低噪声费用，$元 \cdot m^{-1} \cdot a^{-1}$。
总价值		$U_{净化大气} = U_{负离子} + U_{二氧化硫} + U_{氟化物} + U_{氮氧化物} + U_{滞尘} + U_{噪声}$，$U_{净化大气}$ — 森林净化大气环境价值，$元 \cdot a^{-1}$。

服务类别	指标	评价公式及其参数说明
森林农业防护	—	实物量：$G_{防护} = \sum\limits_{i=1}^{n} G_i = R\sum\limits_{i=1}^{n} Q_i A_i$，$G_{防护}$ – 评估单元的农作物年增产量，$kg \cdot a^{-1}$；G_i – 第 i 类农作物的年增产量，$kg \cdot a^{-1}$；R – 单元内农作物平均增产率，%；Q_i – 第 i 类农作物单位面积农作物产量，$kg \cdot hm^{-2} \cdot a^{-1}$；$A_i$ – 第 i 类农作物播种面积，hm^2。
		价值量：$U_{防护} = \sum\limits_{i=1}^{n} G_i C_i$，$U_{防护}$ – 森林防护价值，$元 \cdot a^{-1}$；C_i – 第 i 类农作物价格，$元 \cdot kg^{-1}$。
生物多样性维护	—	实物量：$H_{平均} = \frac{1}{A}\sum\limits_{i=1}^{n} A_i H_i = -\frac{1}{A}\sum\limits_{i=1}^{n} A_i \sum\limits_{j=1}^{s} P_{ij} \log_2 P_{ij}$，$H_{平均}$ – 某个地区平均多样性指数；A – 某地区的森林总面积，hm^2；A_i – 第 i 个森林类型面积，hm^2；H_i – 第 i 个森林类型的生物多样性指数；n – 森林类型数量；P_{ij} – 第 i 个森林类型第 j 个物种的比重。
		价值量：$U_{生物多样性} = S_{生} \times A$，$U_{生物多样性}$ – 森林年物种保育价值，$元 \cdot a^{-1}$；A – 森林面积，hm^2；$S_{生}$ – 单位面积年物种损失机会成本，$元 \cdot hm^{-2} \cdot a^{-1}$。
固碳制氧	固碳	实物量（植被）：$G_{植被固碳} = 1.63 \times R_{碳} \times A \times B_{年}$，$G_{植被固碳}$ – 森林植被年固碳量，$t \cdot a^{-1}$；$R_{碳}$ – CO_2 中碳含量，0.2729；$B_{年}$ – 林分净生产力，$t \cdot hm^{-2} \cdot a^{-1}$；$A$ – 森林面积，hm^2。
		价值量（植被）：$U_{植被固碳} = C_{碳} \times G_{土壤固碳}$，$U_{植被固碳}$ – 森林年植物固碳价值，$元 \cdot a^{-1}$；$C_{碳}$ – 固碳价格，$元 \cdot t^{-1}$。
		实物量（土壤）：$G_{土壤固碳} = A \times F_{土壤}$，$G$ 土壤固碳 – 森林土壤年固碳量，$t \cdot a^{-1}$；$F_{土壤}$ – 单位面积林分土壤年固碳量，$t \cdot hm^{-2} \cdot a^{-1}$；$A$ – 森林面积，hm^2。
		价值量（土壤）：$U_{土壤固碳} = C_{碳} \times G_{土壤固碳}$，$U_{土壤固碳}$ – 森林年土壤固碳价值，$元 \cdot a^{-1}$；$C_{碳}$ – 固碳价格，$元 \cdot t^{-1}$。
	释氧	实物量：$G_{氧气} = 1.19 \times A \times B_{年}$，$GO_2$ – 森林年释氧量，$t \cdot a^{-1}$；$B_{年}$ – 森林净生产力，$t \cdot hm^{-2} \cdot a^{-1}$；$A$ – 森林面积，hm^2。
		价值量：$U_{释氧} = C_{氧} \times G_{氧}$，$U_{释氧}$ – 森林年释氧价值，$元 \cdot a^{-1}$；$C_{氧}$ – O_2 价格，$元 \cdot t^{-1}$。
	总价值	$U_{固碳} = U_{植物固碳} + U_{土壤固碳}$，$U_{固碳}$ – 森林年固碳价值，$元 \cdot a^{-1}$；$U_{植物固碳}$ – 森林年植物固碳价值，$元 \cdot a^{-1}$；$U_{土壤固碳}$ – 森林年土壤固碳价值，$元 \cdot a^{-1}$。
		$U_{固碳释氧} + U_{固碳} + U_{释氧}$，$U_{固碳释氧}$ – 森林固碳释氧的总价值，$元 \cdot a^{-1}$

资料来源：国家林业局，中华人民共和国林业行业标准 LY/T1721 – 2008——《森林生态系统服务功能评估规范（Specifications for Assessment of Forest Ecosystem Services in China）》。

3.3.2　评估依据

研究主要涉及的评价依据包括以下几方面：

1)2009 年 8 月 27 日,全国人民代表大会常务委员会颁布并实施的《中华人民共和国森林法(2009 年修订)》;

2)1991 年 11 月 16 日,中华人民共和国国务院发布的《国有资产评估管理办法》(国务院令第 91 号);

3)1992 年 7 月 18 日,国家国有资产管理局发布的《国有资产评估管理办法实施细则》;

4)1996 年 12 月 16 日,国家国有资产管理局林业部发布的《森林资源资产评估技术规范(试行)》;

5)2003 年 6 月 25 日,中共中央国务院关于加快林业发展的决定(中发〔2003〕9 号);

6)2006 年 12 月 25 日,财政部、国家林业局以财企〔2006〕529 号印发的《森林资源资产评估管理暂行规定》。

3.3.3　资料来源

吉林森工集团森林生态系统服务价值评价及预测研究,所采用的森林资源数据主要源于吉林省林业调查规划院编制的八个林业局森林经营方案;也来源于1996—2013 年《中国林业统计年鉴》和《吉林省统计年鉴》发布的数据。另外,还有部分数据和资料主要来源于吉林省野生动植物保护与自然保护区管理处、吉林省林业厅计财处、水利厅、交通运输厅、农牧局、林木种苗管理站等部门,并对吉林森工集团进行实地调查,获得大量现场调查数据和资料。

3.4　本章小结

本章立足于解决以往关于森林生态系统服务评价、研究中混用错用"功能"和"服务"的问题,指出以往的评价错误地界定了森林生态系统服务所包含的内容,未能考虑各项森林生态系统服务价值直接加总会出现重复性、累加和协同作用等问题。本研究首先系统地界定了森林生态系统服务的内容,明确了生态系统服务的概念,分类和特点等。其次归纳了森林生态系统服务所包含的共 6 大类 16 个评估指标体系:包括涵养水源、保育土壤、净化大气环境、农田/草场防护、生物多样性保护和固碳制氧;在 6 大类森林生态系统服务中共筛选出 16 个评估指标,即调节水量、净化水质、固土、保肥、植被固碳、土壤固碳、制氧、农田防护、草场防护、维护物种、提供负离子、吸收 SO_2、吸收氮氧化物、吸收氟化物、滞尘和降低噪声。最后,研究总结了森林生态系统服务价值的评价公式、评估依据和资料来源。

第四章

吉林森工集团基本概况

吉林省林业用地面积约为 929.9 万 hm^2，有林地面积 828.8 万 hm^2，森林覆盖率为 43.8%，活立木总蓄积 95,613 万 m^3，在我国的林业发展中，吉林林业做出了重要的贡献。吉林森工集团，是我国四大森工集团之一，位于吉林省境内，是国家重要的生态屏障和木材生产基地，在东北乃至整个东北亚地区的林业发展中都占有重要的地位。

4.1 自然概况

4.1.1 地理位置与地形地貌

（1）地理位置

吉林森工集团是我国大型国有控股企业，是我国十分重要的商品林生产基地。吉林森工集团地处东经 122°～131°，北纬 41°～46°之间，位于我国东北地区。辖区于吉林省长白山林区，地跨蛟河、柳河、临江、江源、靖宇、抚松、桦甸和敦化等八个县（市、区），所属森工企业局共八户：白石山、红石、露水河、泉阳、三岔子、松江河、弯沟和临江。吉林森工集团各林业局在吉林省的地理位置如图 4 - 1 所示：

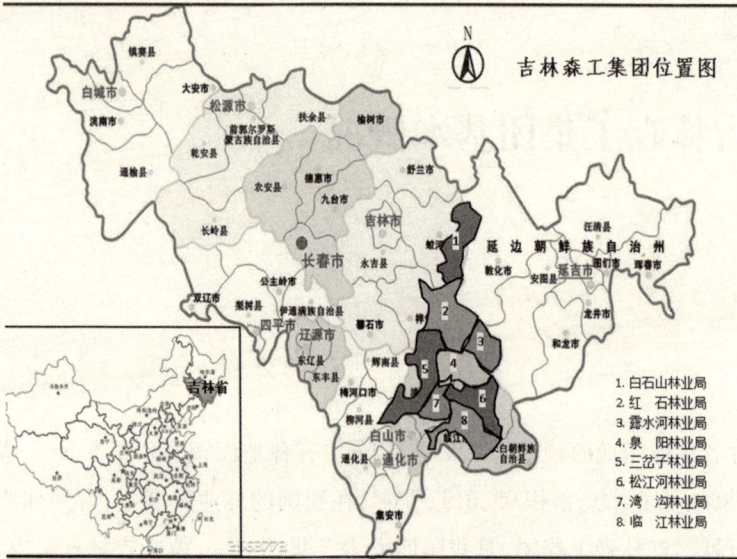

图 4 – 1　吉林森工集团各林业局地理位置图

Figure 4 – 1　Geographical locations of forestry administration in Jilin forest industry group

(2)地形地貌

吉林森工集团境内地形较为复杂,以山地为主,总体呈东南向西北倾斜,西北窄,东南宽的狭长形特征,为明显的中低山区。东部有海拔千米以上的长白山,海拔 500m 以下的丘陵,中西部有着广阔的松辽平原,地形差异十分显著。

地貌类型种类的占比情况为:流水地貌占吉林省总面积的 83.5% ;火山地貌占省总面积的 8.6% ;湖泊地貌占省总面积的 2.6% ;风沙地貌占省总面积的 5.2% ,其余占吉林省总面积的 0.1% 。地貌的形成外力主要是以流水、火山喷发、风、冰川等因素的综合作用为主。其中流水长期侵蚀的作用对吉林森工集团地貌形成影响非常巨大,如原本的山地、平原、丘陵等地在经受侵蚀、冲积,以及剥蚀等综合作用下,逐渐形成了各种冲积洪积平原、漫滩等流水地貌。

50

4.1.2 气候特征

吉林森工集团处于北半球中纬度欧亚大陆的东侧地带,气候特征属于温带大陆性季风气候,相当于我国最北部的温带地区,四季分明,雨热同季。春季风大且比较干燥;夏季温度较高且多雨水;秋季气温适宜;冬季比较寒冷且时间漫长。多数区域的年平均温度 3～5℃,无霜期为 120～160 天,对农作物的生长较为有利,但气温、气象灾害、风等都有着明显季节变化和区域之间的差异性。

4.1.3 水文与水资源

吉林森工集团地区位于东北主要江河的上游和中游地带,境内主要有松花江、鸭绿江、牡丹江等水系。下面分八个林业局分布进行阐述:

白石山:全境河流以威虎岭为界分为西向的第二松花江水系和东流的牡丹江水系。流入松花湖的有南河、漂河等水系,注入牡丹江的有威虎河。

红石:境内主要河流分为第二松花江和二道松花江及其支流。

露水河:境内河流属于第二松花江水系,主要河流包括二道松花江、露水河、清水河等,这些河流的下游河道都比较狭窄,两岸陡峭,水量丰富。

泉阳:境内河谷纵横密布,有大小河流十几条,属于松花江水系。以西部和北部界河头道松花江和二道松花江为主要河流。主要支流包括二道松花江、泉阳河、万良河、榆树河等。

三岔子:由于受龙岗山阻隔,区内河流主要分为两大水系:鸭绿江和松花江。流域面积为 2000km^2,龙湾林场北部的龙湖湾面积约为 40 万 m^2,中央水深约为 48m,水容量约为 600 万 m^3。

松江河:经营区内河流众多,水利资源十分丰富,主要河流包括漫江和松江河。其中漫江是松花江的源头,流域面积为 2781km^2,多年平均流量为 44.1m^3/s。松江河是头道松花江的主要支流,流域面积为 1900km^2,多年平均流量为 32.9m^3/s。主要支流有大沙河、小沙河、拉古河等 18 条。

弯沟:境内主要河流为头道松花江及其支流汤河、正身河、夹皮沟河等,各级支流密如织网。

临江:全区分为鸭绿江和松花江两大水系,分布着20余条主要河流。

吉林森工集团虽然水系较多,但水资源流出量大于流入量,按照国际公认的缺水标准,吉林森工集团处于中度缺水与重度缺水之间,属于中度缺水地区。吉林森工集团水资源在时空分布上差别也很大。在时间上表现为降水量主要集中于夏、秋两季,占全年降水量的65%~85%,而春、冬两季降水量较少,不足20%,决定了当地的水资源多以洪水形式出现;在空间分布上,东南部地区如吉林、延边和通化等地年平均降水天数为100~130天,年均地表水资源总量为309.75亿 m^3,而中西北部如辽源等地年平均降水天数为70~90天,年均地表水资源总量为34.42亿 m^3。可见,吉林森工集团的供水和用水矛盾都十分突出,水资源短缺已成为制约吉林森工集团当地经济发展的重要因素之一。

4.1.4 土壤

新中国成立后,吉林省政府共开展了两次土壤普查工作。1958—1960年的第一次土壤普查,1949—1980年的第二次土壤普查。根据吉林省第二次土壤普查专题研究文选成果显示,吉林森工集团各个林业局的土壤概况如下:

白石山:该区分布最广的地带性土壤为暗棕壤,约占白石山总面积的80%,垂直分布比较明显,其中主要的亚类有典型的暗棕壤和暗色暗棕壤。

红石:该区属于东北中部针阔混交林暗棕色森林土及白浆土地带。

露水河:该区土壤成土母质主要为花岗岩、玄武岩,少部分为沉积岩。土壤水平分布和垂直分布规律比较明显,土壤的主要亚类有白浆暗棕壤、典型的暗棕壤和暗色暗棕壤,低洼处有小面积的沼泽土。

泉阳:主要土壤是在火山喷出的玄武岩、火山灰基础上风化形成的,属于暗色森林土带。暗棕壤占80%以上,分布范围较广,呈酸性,土壤肥力及厚度在不同程度上取决于坡度和坡向。

三岔子:区内山脉在中生代受侵入岩与喷出岩活动的影响,形成中部靖宇火山群熔岩台原曲,南部为老龄山区,北部为龙岗中低山区,不同的地形上聚积不同的成土母质。全区母岩以酸性岩和中性岩为主,其中岩浆岩占全区面积的70%,

是主要的成土母质。

松江河:该区主要土壤类型包括台地白浆土、低山暗棕色森林土,以及台谷地沼泽土。分布规律主要受海拔高度和地形等影响,呈现有规律的更替。

弯沟:该区土壤结构较好,肥力较高。在海拔 1000m 以上的山地,多为棕色的森林土,在海拔 1000m 以下山地多为森林暗棕壤。

临江:该局的土壤类型主要为暗棕色森林土和白浆土,成土母岩以花岗岩和玄武岩为主,还有少量的砾石,在河流两侧还有少量的冲积土和沼泽土。

根据吉林省第二次土地调查结果显示,由于草地大面积退化、耕地和建设用地的占用等因素,致使土地利用变化所反映生态环境问题十分严峻,林下的用地面积与 2009 年相比减少约 38.07 万 hm^2,草地面积也与 2009 年相比减少了约 77.6 万 hm^2,亟须强化森林生态理念并加大生态文明建设力度。

4.1.5　土地面积与组织结构

(1)土地面积

位于我国东北地区中部的吉林森工集团,所属森工企业局共 8 户,总经营面积约为 134.8 万 hm^2,占整个吉林省总面积的 0.72%。

(2)组织结构

吉林森工集团辖区于吉林省长白山林区,地跨蛟河、柳河、临江、江源、靖宇、抚松、桦甸和敦化等八个县(市、区)。所属森工企业局共八户:白石山、红石、露水河、泉阳、三岔子、松江河、弯沟和临江。吉林森工集团拥有吉林森工股份公司、吉林森工金桥地板集团和吉林森工财务公司等 11 家控股子公司。吉林森工集团组织结构如图 4-2 所示:

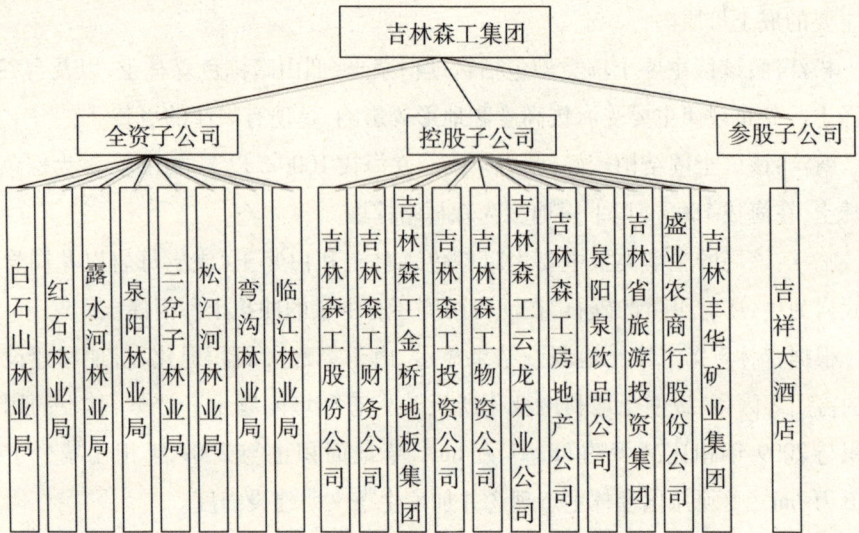

图 4 - 2　吉林森工集团组织结构图

Figure 4 - 2　Organizational chats in Jilin forest industry group

4.2　社会经济概况

4.2.1　社会概况

我国于 2010 年 11 月 1 日零时开展了第六次全国人口普查工作,根据第六次全国人口普查最终结果,吉林森工集团各个林业局的社会状况如下:

白石山:在辖区范围内共有 3 镇 1 乡,35 个自然村,140 个自然屯,总人口为 9 万人,其中农业人口为 7 万人,林业人口为 2 万人,人口密度 66 人/km²。

红石:该局辖区总面积为 3342591hm²,辖区内行政区划包括 4 镇 2 乡 50 个村 240 个自然屯。社会总人口为 11.3 万人,其中林业人口为 1.8 万人,非林业人口为 9.5 万人。

露水河:该林业局林业人口为 38703 人,其中在册职工人数为 5509 人,在职职

54

工人数为 3994 人,离退休职工人数为 3684 人。林场林业人口数量为 6924 人,其中在册职工人数为 883 人,在职职工人数为 619 人,离退休职工人数为 502 人。

泉阳:林区现有人口为 9.5 万人,其中林业人口为 2.43 万人,在册职工为 2366 人,全局现有高级专业技术人员为 32 人,基层单位共 18 个。

三岔子:经营区范围内包括江源、柳河和靖宇三个县区的 9 个乡镇,161 个自然屯,共 11.7 万人。其中有农业人口 7 万人,林业人口 4.7 万人。

松江河:抚松县总人口为 32 万人,松江河镇总人口为 6 万人。

弯沟:全局境内人口非常密集,属地方管辖的有弯沟、松树、仙人桥和花园口 4 个镇,以及榆树川乡共 51 个村,114 个自然屯。林区总人口为 153365 人,其中林业总人口为 49915 人。

临江:林区的总人口达到 18 万人,其中林业人口为 2.3 万人,林业局在册职工为 3934 人。

4.2.2　经济概况

截至 2013 年底,吉林森工集团所包括的八个林业局经济发展概况如下:

白石山:全局生产商品材为 8.3 万 m^3,实现产值为 15895 万元,实现利润为 1733 万元,人均收入达到 8878 元,林业局现有固定资产净值为 9502 万元。

红石:该局虽然建局较晚,但发展很快。以木材生产和森林培育为主,制材和综合利用为辅,一、二、三产业并存。截至 2013 年底,全局实现产值 31464 万元,实现利润收入为 6068 万元,人均收入约达 9589 元。

露水河:生产木材 660390 m^3,完成社会总产值为 161238 万元,工业总产值为 81923 万元,工业增加值为 27336 万元,销售收入为 104348 万元,实现利润为 5418.9 万元。

泉阳:社会总产值为 12029 万元,其中第一产业为 10283 万元,第二产业为 1061 万元,第三产业为 685 万元;其中非木质资源产值为 5230 万元,占总产值的 43%。年实现利润为 1095 万元,职工收入为 6852 元,全局现有资产为 1.35 亿元,固定资产净值为 0.8 亿元。

三岔子:生产商品木材 16.01 万 m^3,实现产值为 22785 万元,实现利润达 4807

万元,人均收入达到 13020 元,固定资产净值为 6268 元。

松江河:抚松县国民生产总值约达 31.3 亿元,实现人均收入达 6760 元,森林工业占全县比重为 16%,松江河占 5.3%。

弯沟:社会总产值为 3324 万元,实现利润为 242 万元,固定资产原值为 3354 万元,城镇职工年收入达到 6592 元,林区职工年收入达到 9564 元,农民年均收入达到 3480 元。

临江:全局有固定资产约为 8996 万元,年完成工业总产值为 8420 万元,实现利润约达 2389 万元。

4.3 森林资源现状

4.3.1 森林资源特点

吉林森工集团森林资源十分丰富,不仅是全国重点林区之一,还是我国十分重要的木材生产基地,在整个吉林省甚至在东北地区的生态系统中占有相当重要的位置。

近年来,吉林森工集团森林资源经过人为长期开发利用,以及受整个自然森林生态系统功能不断退化的影响,林木资源及林分类型都发生了显著的变化。

第一,森林资源丰富,树种植被类型繁多,林地生产力也较高。主要体现在临近海洋的长白山林区,该区域降雨充沛,气候温和,森林土壤也比较肥沃,造成该区域的树木物种类型十分丰富。长白山林区的原生林属复层异龄的混交林较多,其树种能够较充分地吸收光热和利用地力,每 hm^2 蓄积最低为 $300m^3$,最高可达 $600m^3$,是吉林森工集团木材生产的重要来源之一。

第二,森林资源区域分布不均。吉林森工集团森林覆盖率在我国一直排前十位,但大多都集中于东部、东南部和中部等偏远山区中,森林覆盖率由东向西呈递减趋势。即便是在东部山区,其森林资源分布也并不均匀,一般在偏远山区和森工林区的森林较多,而在城镇与交通沿线附近的森林资源较少。其中偏远山区多是植被类型较单一的森林,随着林地生产力的不断下降,在缺乏人工管护等保护措施下,造成该地区大量林分的生态功能出现了总体退化现象。

第三,存在过伐林的资源结构特征。吉林森工集团自新中国成立以来一直是我国重要的木材生产基地,为我国的经济建设做出了突出贡献。但林区经过长期开采开发后,原始森林林地面积逐渐减少,仅就长白山林区而言,原生林地面积已不足吉林森工集团森林面积的 10%,有的林区森林甚至经过了两次择伐,形成大量的过伐林和次生林。原以红松为主的针阔叶混交林已演替为阔叶林、柞树林及杨桦林等树种。另外,在交通沿线以及村镇附近的森林,由于人为等活动的干扰,破坏了以往森林原生态环境如蒙古栎大面积的蔓延生长。

第四,单一的人工林树种。到目前为止,吉林森工集团的人工林面积约为 20.55 万 hm²,其中椴树面积约占整个人工林面积的 10.3%,白桦面积也约占 10.3%,其余各林种占总人工林面积低至 2.1%,树种类型比较单一,且均为纯林,问题很多。如以针叶树纯林而言,它能过度吸收林地土壤有机质,使林地土壤肥力急剧降低。原有植被退化范围也在逐渐扩大,造成该地区生态功能的不断退化。

根据吉林森工集团 2013 年度森林资源分析报告结果显示:

(1)林地面积

2013 年,吉林森工集团共有林业用地面积为 129.29 万 hm²,占总经营面积的 95.95%。其中有林地面积为 122.48 万 hm²,其他林地面积为 5.85 万 hm²。其余各类林业用地面积如图 4 - 3 所示:

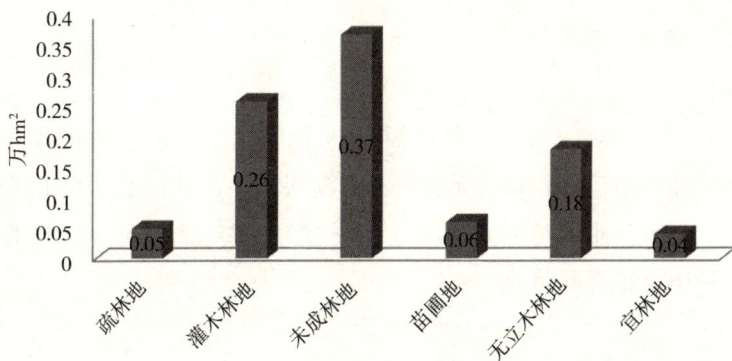

图 4 - 3 吉林森工集团各类林业用地面积

Figure 4 - 3 All kinds of forestry land area of Jilin forest industry group

（2）林木蓄积

2013 年度,吉林森工集团活立木总蓄积为 17978.12m³。其中有林地蓄积为 17975.94m³,疏林地蓄积为 1.32m³,散生木蓄积为 0.55m³,四旁树蓄积为 0.32m³,如图 4-4 所示:

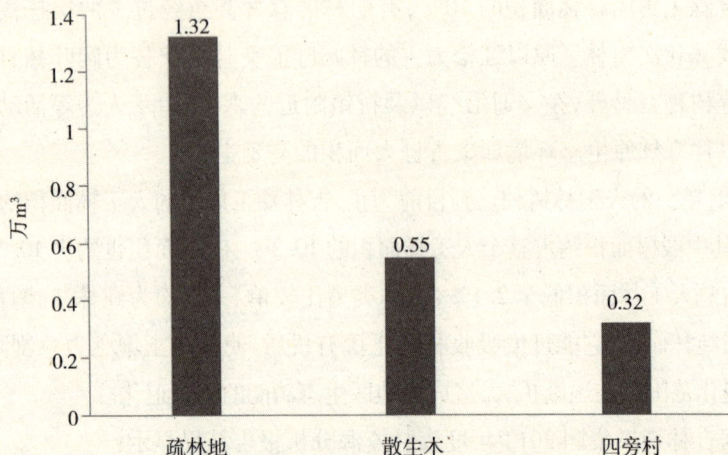

图 4-4 吉林森工集团各类林木蓄积

Figure 4-4 The accumulation of all kinds of trees in Jilin forest industry group

4.3.2 森林资源结构

（1）林种结构

2013 年度,吉林森工集团有林地面积中,特用林为 4.56 万 hm²,防护林为 50 万 hm²,用材林为 67.9 万 hm²,无经济林和薪炭林。在有林地蓄积中,特用林为 865.33 万 m³,防护林为 7536.63 万 m³,用材林为 9575.67 万 m³。有林地面积、蓄积按照林种构成如图 4-5 所示:

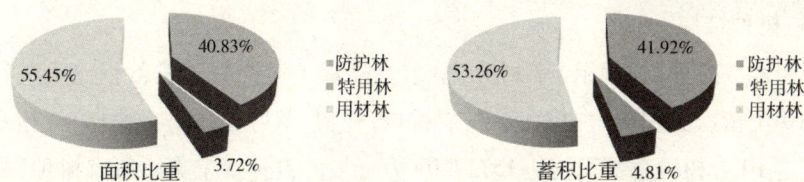

图 4 - 5 吉林森工集团有林地面积、蓄积按林种构成

Figure 4 - 5 Forestland area and volume according to the forest category structure in Jilin forest industry group

（2）龄组结构

根据树种生物学特性、经营利用方向和生长过程的不同，按照年龄大小将森林划分为幼龄林、中龄林、近熟林、成熟林和过熟林。

2013 年度，在吉林森工集团有林地面积中，幼龄林为 13.56 万 hm^2，中龄林为 31.96 万 hm^2，近熟林为 36.28 万 hm^2，成熟林为 32.83 万 hm^2，过熟林为 7.85 万 hm^2。在有林地蓄积中，幼龄林为 955.93 万 m^3，中龄林为 4081.79 万 m^3，近熟林为 5484.53 万 m^3，成熟林为 5768.68 万 m^3，过熟林为 1685.02 万 m^3，具体分布如图 4 - 6 所示：

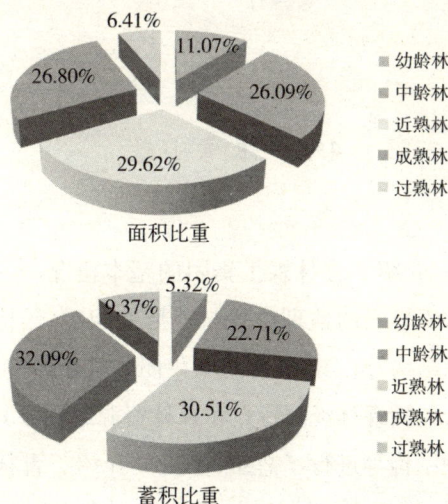

图 4 - 6 吉林森工集团有林地面积、蓄积按龄组构成

Figure 4 - 6 Forestland area and volume according to the forest age - group in Jilin forest industry group

(3)树种结构

按照优势树种(树种组)来划分,整个吉林森工集团树种按蓄积比重进行排序,前10位依次为椴树、白桦、色树、胡桃楸、柞树、落叶松、杨树、榆树、红松和水曲柳。这10类树种总蓄积约达15717.09万 m³,占吉林森工集团所有树种(树种组)蓄积的87.42%,各优势树种蓄积的比重情况如图4-7所示:

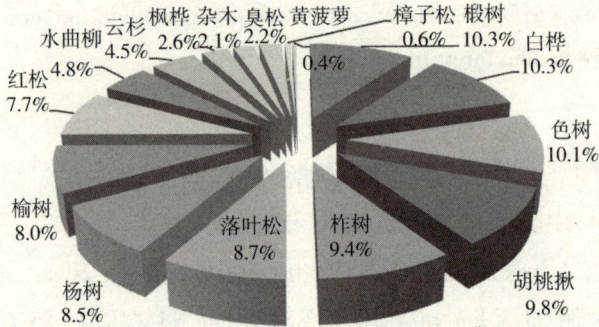

图4-7   2013年吉林森工集团各优势树种蓄积比重

Figure 4-7   The advantage species accumulation of Jilin forest industry group in 2013

4.4   本章小结

本章主要从三方面介绍了吉林森工集团的基本概况。一是吉林森工集团的自然概况,包括吉林森工集团的地理位置与地形地貌、气候特征、水文与水资源、土壤、土地面积与组织结构等;二是吉林森工集团的社会经济概况;三是吉林森工集团的森林资源现状,包括森林资源特点和森林资源结构。其中森林资源结构主要从林种、龄组和树种结构等进行了总结,并主要介绍了吉林森工集团按蓄积比重排序的前10位树种:椴树、白桦、色树、胡桃楸、柞树、落叶松、杨树、榆树、红松和水曲柳。通过总结分析更加清晰地描述了研究区域的情况,为森林生态系统服务价值评价和系统仿真研究奠定了基础。

第五章

森林生态系统服务价值动态评价

评价(evaluation, assessment),主要指对一件事或人物进行判断、分析后并得出的结论。森林生态系统服务价值评价,主要就是根据生态学、经济学等原理,对森林生态系统为人类提供的产品、服务等,采用货币化的形式进行计量判断、分析,并得出相关结论。

5.1 第七次森林资源清查(2004—2008 年)评价

根据吉林森工集团各林业局森林经营方案提供的数据,分别对 2008 年和 2013 年的森林生态系统服务价值进行核算。吉林森工集团包含的森林类型主要划分为 15 种:红松、云杉、樟子松、落叶松、臭松、水曲柳、胡桃楸、黄菠萝、椴树、柞树、榆树、色树、枫桦、白桦和杨树,但各林业局有着不同的优势树种。

5.1.1 涵养水源服务

森林生态系统具有涵养水源服务,主要体现在森林调节水量以及净化水质两方面。涵养水源服务实物量的评价根据第 3 章中表 3 - 1 的公式计算,涉及的主要参数有森林面积、森林蒸散量、年均与月均降水量和地表径流量等。

5.1.1.1 降水量

对吉林森工集团八个林业局 2004—2008 年的年均降水量统计如表 5 - 1 所示:

表 5 - 1　2004—2008 年吉林森工集团八个林业局年均降水量(mm)

Table 5 - 1　Average annual precipitation of eight forestry administration

in Jilin forest industry group from 2004 to 2008(mm)

林业局	露水河	临江	白石山	红石	松江河	泉阳	三岔子	弯沟
降水量	920	875	680	750	970	822	767	1100

从以上数据可以看出,整个吉林森工集团的年均降水量位于 680~1100mm 区间内,吉林森工集团 2008 年 12 个月降水量统计如表 5 - 2 所示:

表 5 - 2　吉林森工集团 2008 年月均降水量和年均降水量(mm)

Table 5 - 2　Average monthly precipitation and the annual average rainfall of

Jilin forest industry group in 2008(mm)

月份	1 月	2 月	3 月	4 月	5 月	6 月	7 月	8 月	9 月	10 月	11 月	12 月	合计
降水量	8.8	11.6	17.8	39.8	64.5	120.8	174.5	182.4	66.1	22.5	24.6	13.1	732.5

注:根据吉林省水利厅提供的月降水量统计。

5.1.1.2　森林蒸散量

森林蒸散量主要由林木蒸腾量和林地蒸发量两部分组成,森林蒸散量(E)等于降水量(P)乘以蒸散率(R),公式如下:

$$E = P \times R \tag{5-1}$$

式(5-1)中,蒸散率(R)无量纲。不同林种之间的蒸散量也不同,一般通过森林生态站的长期观测予以获得。本研究评估各年森林平均蒸散量和各森林类型的蒸散率由吉林省水利厅提供,具体如表 5 - 3 和表 5 - 4 所示:

表 5 - 3　2004—2008 年吉林森工集团森林年均蒸散量(mm)

Table 5 - 3　Forest annual evaporation in Jilin forest industry group from 2004 to 2008

年份	2004	2005	2006	2007	2008
蒸散量	580.2	496.3	511.6	483.2	484.1

注:根据吉林省水利厅提供的年蒸散量数据统计得到。

吉林森工集团不同森林类型的蒸散率如表 5 - 4 所示:

表5-4 吉林森工集团主要森林类型的蒸散率

Table 5 - 4 Evapotranspiration rateof main forest types in Jilin forest industry group

森林类型	红松林	云杉林	樟子松林	落叶松林	臭松林	水曲柳林	胡桃楸林	黄菠萝林	椴树林	柞树林	榆树林	色树林	枫桦林	白桦林
蒸散率	0.482	0.505	0.501	0.639	0.655	0.597	0.463	0.556	0.700	0.750	0.573	0.493	0.646	0.615

根据公式(5-1),采用表5-2和表5-4的数据可计算出吉林森工集团不同森林类型的年蒸散量如表5-5所示:

表5-5 吉林森工集团2008年各森林类型的月蒸散量(mm)和年蒸散量(mm)

Table 5 - 5 All kinds of forest type evaporation of month and year of Jilin forest industry group in 2008(mm)

森林类型	1月	2月	3月	4月	5月	6月	7月	8月	9月	10月	11月	12月	合计
红松林	4.24	5.59	8.58	19.18	31.09	58.23	84.11	87.92	31.86	10.85	11.86	6.31	359.81
云杉林	4.44	5.86	8.99	20.10	32.57	61.00	88.12	92.11	33.38	11.36	12.42	6.62	376.98
樟子松	4.41	5.81	8.92	19.94	32.31	60.52	87.42	91.38	33.12	11.27	12.32	6.56	374.00
落叶松林	5.62	7.41	11.37	25.43	41.22	77.19	111.51	116.55	42.24	14.38	15.72	8.37	477.01
臭松林	5.76	7.60	11.66	26.07	42.25	79.12	114.30	119.47	43.30	14.74	16.11	8.58	488.96
水曲柳林	5.25	6.93	10.63	23.76	38.51	72.12	104.18	108.89	39.46	13.43	14.69	7.82	445.66
胡桃楸林	4.07	5.37	8.24	18.43	29.86	55.93	80.79	84.45	30.60	10.42	11.39	6.07	345.63
黄菠萝林	4.89	6.45	9.90	22.13	35.86	67.16	97.02	101.41	36.75	12.51	13.68	7.28	415.05
椴树林	6.16	8.12	12.46	27.86	45.15	84.56	122.15	127.68	46.27	15.75	17.22	9.17	522.55
柞树林	6.60	8.70	13.35	29.85	48.38	90.60	130.88	136.80	49.58	16.88	18.45	9.83	559.88
榆树林	5.04	6.65	10.20	22.81	36.96	69.20	99.99	104.52	37.88	12.89	14.10	7.51	427.74
色树林	4.34	5.72	8.78	19.62	31.80	59.55	86.03	89.92	32.59	11.09	12.13	6.46	368.02
枫桦林	5.68	7.49	11.50	25.71	41.67	78.04	112.73	117.83	42.70	14.54	15.89	8.46	482.24
白桦林	5.41	7.13	10.95	24.48	39.67	74.29	107.32	112.18	40.65	13.84	15.13	8.06	459.10
杨树林	5.37	7.08	10.86	24.28	39.35	73.69	106.45	111.26	40.32	13.73	15.01	7.99	455.37

5.1.1.3 地表径流量

森林生态系统内部的地表径流量,与大气降水量以及森林类型有着十分密切的关系。根据吉林森工集团提供的不同林种地表径流量和降水量的月变化数据,通过曲线拟合,得到不同林种的月地表径流量估测方程。如落叶松林和白桦林曲线拟合图如图 5 - 1、图 5 - 2 所示,其他森林类型以此类推。

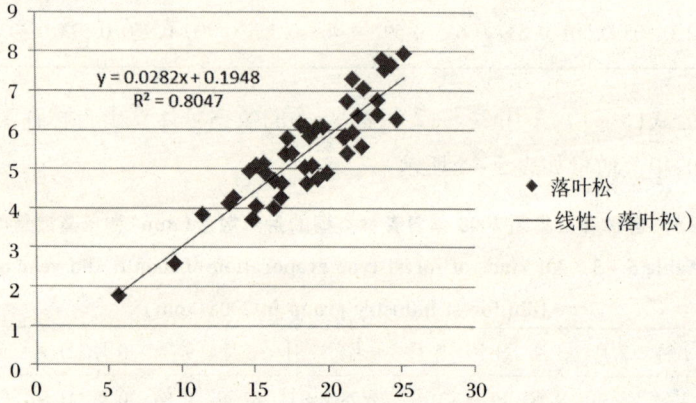

图 5 - 1   落叶松林的月地表径流量估测方程

Figure 5 - 1   Estimate equation of surface runoff on Larch forest

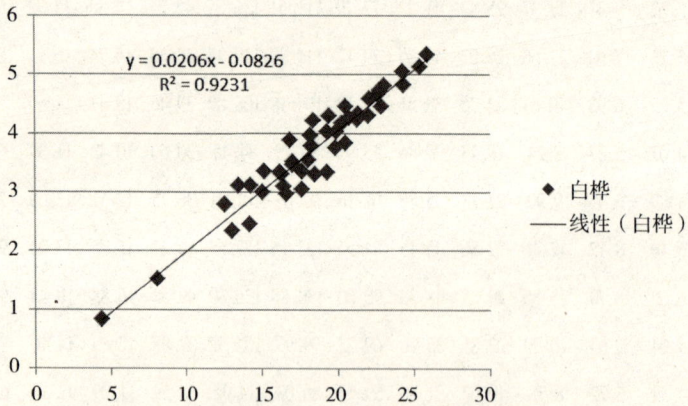

图 5 - 2   白桦林的月地表径流量估测方程

Figure 5 - 2   Estimate equation of surface runoff on Birches

表 5 - 6　月地表径流 y(mm)与月降水量 x(mm)的方程

Table 5 - 6　Equation of surface runoff and precipitation in monthly(mm)

森林类型	方程	R^2
红松林	$y = 0.0257x + 0.1213$	0.7932
云杉林	$y = 0.1566\exp(0.0147x)$	0.7046
樟子松林	$y = 0.0004x^2 - 0.0135x + 0.2$	0.7945
落叶松林	$y = 0.0282x + 0.1948$	0.8047
臭松林	$y = 0.0002x^2 - 0.0124x + 0.25$	0.7945
水曲柳林	$y = 0.00006x^2 + 0.0031x + 0.1$	0.9773
胡桃楸林	$y = 0.00003x^2 + 0.0011x + 0.6$	0.9271
黄菠萝林	$y = 0.00005x^2 + 0.0012x + 0.2$	0.8973
椴树林	$y = 0.1532\exp(0.02110x)$	0.8926
柞树林	$y = 0.2336\exp(0.0121x)$	0.7935
榆树林	$y = 0.0322x + 0.2230$	0.8326
色树林	$y = 0.0282x + 0.118$	0.9421
枫桦林	$y = 0.1462\exp(0.0137x)$	0.7632
白桦林	$y = 0.0206x - 0.0826$	0.9231
杨树林	$y = 0.0322x + 0.2230$	0.8737

依据表 5 - 6 提供的估测方程,以及吉林森工集团在 2008 年的平均月降水量和年降水量,可计算出 2008 年各森林类型月和年的平均地表径流量如表 5 - 7 所示:

表 5 - 7　吉林森工集团 2008 年不同森林类型各月和全年的平均地表径流量(mm)

Table 5 - 7　Different forest types of surface runoff in months and the average annual of Jilin forest industry group in 2008(mm)

森林类型	1 月	2 月	3 月	4 月	5 月	6 月	7 月	8 月	9 月	10 月	11 月	12 月	合计
红松林	0.35	0.42	0.58	1.14	1.78	3.23	4.61	4.81	1.82	0.70	0.75	0.46	20.64
云杉林	0.18	0.19	0.20	0.28	0.40	0.92	2.04	2.29	0.41	0.22	0.22	0.19	7.55
樟子松林	0.11	0.10	0.09	0.30	0.99	4.41	10.02	11.05	1.06	0.10	0.11	0.09	28.42

续表

森林类型	1月	2月	3月	4月	5月	6月	7月	8月	9月	10月	11月	12月	合计
落叶松林	0.44	0.52	0.70	1.32	2.01	3.60	5.12	5.34	2.06	0.83	0.89	0.56	23.39
臭松林	0.16	0.13	0.09	0.07	0.28	1.67	4.18	4.64	0.30	0.07	0.07	0.12	11.79
水曲柳林	0.13	0.14	0.17	0.32	0.55	1.35	2.47	2.66	0.57	0.20	0.21	0.15	8.93
胡桃楸林	0.61	0.62	0.63	0.69	0.80	1.17	1.71	1.80	0.80	0.64	0.65	0.62	10.73
黄菠萝林	0.21	0.22	0.24	0.33	0.49	1.07	1.93	2.08	0.50	0.25	0.26	0.22	7.81
椴树林	0.20	0.24	1.03	1.34	1.35	1.57	2.19	2.15	0.29	0.17	0.19	0.22	10.95
柞树林	0.26	0.27	0.29	0.38	0.51	1.01	1.93	2.12	0.52	0.31	0.31	0.27	8.18
榆树林	0.51	0.60	0.80	1.50	2.30	4.11	5.84	6.10	2.35	0.95	1.02	0.64	26.71
色树林	0.47	0.69	2.67	3.02	3.03	3.23	3.67	3.65	0.97	0.28	0.41	0.62	22.71
枫桦林	0.17	0.19	0.50	0.60	0.60	0.66	0.82	0.81	0.22	0.16	0.17	0.19	5.10
白桦林	0.10	0.16	0.28	0.74	1.25	2.41	3.51	3.67	1.28	0.38	0.42	0.19	14.39
杨树林	0.51	0.60	0.80	1.50	2.30	4.11	5.84	6.10	2.35	0.95	1.02	0.64	26.71

5.1.1.4　涵养水源服务量

同样,由表3-1的公式可计算出吉林森工集团八个林业局优势树种在2008年各月和全年的涵养水源服务实物量如表5-8所示:

(1)吉林森工集团优势树种涵养水源量

表5-8　八个林业局2008年涵养水源服务量(万 m³)

Table 5-8　The amount of forest water conservation of eight forestry administration in 2008(10000 cubic meters)

林业局	森林面积	年涵养水源量
	hm²	万 m³·a⁻¹
露水河	109329	31939.71
临江	195875	61255.38
白石山	127579	34729.05
红石	95622	22082.38
松江河	94780	29218.09

续表

林业局	森林面积	年涵养水源量
	hm^2	万 m^3 · a^{-1}
泉阳	70314.1	21576.95
三岔子	155605	42895.17
弯沟	19036	5331.08
总计	868140.1	249027.81

从以上数据可以看出，八个林业局 2008 全年优势树种总体的涵养水源服务量为 249027.81 万 m^3。

（2）吉林森工集团全年涵养水源服务量

根据吉林省水利厅提供的 2008 年年均降水量为 732.5mm，蒸散量为 484.1mm，平均地表径流量取 15.6mm，由第 3 章表 3 – 1 的公式求得各林业局和吉林森工集团全年的涵养水源服务量如表 5 – 9 所示：

表 5 – 9　吉林森工集团 2008 年森林全年的涵养水源服务量

Table 5 – 9　The amount of forest water conservation of Jilin forest industry group in 2008

林业局	森林面积	年涵养水源量
	hm^2	万 m^3 · a^{-1}
露水河	115332	26849.29
临江	160631	37394.90
白石山	127579	29700.39
红石	276084	64272.36
松江河	148686	34614.10
泉阳	95253	22174.90
三岔子	203788	47441.85
弯沟	76351	17774.51
总计	1203704	280222.29

从以上数据可以看出，2008 年吉林森工集团全年的涵养水源量为 280222.29

万 m^3,与八个林业局优势树种总体涵养水源量差 31194.48 万 m^3,即八个林业局非优势树种的总体涵养水源量。

涵养水源服务价值主要包括森林调节水量价值和森林净化水质价值。

5.1.1.5 森林蓄水水量的价格

本研究效仿林价倒算法的理论和方法,来确定吉林森工集团森林蓄水量的价格。城市自来水价值的特殊性表现在价值构成上,水租金的资本化和人类劳动的凝结。具体包括三部分:天然水资源的价格,即水租金的资本化部分;水利工程供水价值,即水利工程供水的劳动凝结,是新增价值部分;城市自来水净化处理等劳动的凝结,是生产过程对工程水的又一次价值附加(蒲实,2007)。按照城市自来水的生产全过程,列基本公式如下(未考虑水环境成本):

$$P_{自来水} = P_{天然水} + P_{水利工程供水} + P_{供水服务} \cdots\cdots\cdots\cdots\cdots\cdots\cdots\cdots\cdots \quad (5-3)$$

式中:$P_{天然水}$ - 森林蓄水量价格。森林蓄水量价格倒算法的基本公式变形为:

$$P_{天然水} = P_{自来水} - P_{水利工程供水} - P_{供水服务} \cdots\cdots\cdots\cdots\cdots\cdots\cdots\cdots\cdots \quad (5-4)$$

式中,$P_{水利工程供水}$包括利润(P)和税金(C);$P_{供水服务}$包括城市自来水生产的附加物化劳动和活劳动、利润和税金。生产成本是物化劳动和活劳动消耗的价值表现形式;利润和税金在实际应用时是以百分数计算,即利润率、税率。利润率是按生产成本计算的,是成本利润率。税率是按自来水销售收入计征的,是自来水销售税。

根据吉林省 2008 年自来水的平均价格(2.5 元/t)、利润率和税率,求得森林蓄水水量的价格为 1.00 元/m^3 左右。

5.1.1.6 水的净化费用

针对净化水质价值的评价,取水的商品价格作为森林净化水质价格费用,以此计算得到吉林森工集团森林生态系统每年净化水质的价值量。2008 年吉林省全市的供水量如表 5 - 10 所示:

表 5 - 10　吉林省 2008 年供水量表(万 t/a,万 m³/a)

Table 5 - 10　Scale of water supply of Jilin province in 2008(ten thousand tons/a,
ten thousand cubic metres/a)

区市名称	居民生活	行政事业	工业	经营服务	特种行业	合计
长春	10688.3	3144.6	43994.2	1066.2	76.2	58969.5
吉林	6092.2	1792.4	25076.2	607.8	43.4	33612.0
四平	4673.0	1374.8	19234.6	466.2	33.3	25781.9
辽源	1623.7	477.7	6683.3	161.9	11.6	8958.2
通化	3208.7	944.0	13207.4	320.1	22.9	17703.1
白山	1789.3	526.4	7365.0	178.5	12.7	9871.9
松原	3975.9	1169.8	16365.3	396.7	28.3	21936.0
白城	2805.6	825.4	11548.2	279.9	20.0	15479.1
延边朝鲜族自治州	3134.8	922.3	12903.2	312.8	22.3	17295.4
合计	37991.5	11177.4	156377.4	3790.1	270.7	209607.1

注:数据由吉林省水利厅提供。

2008 年吉林省全市的供水价格如表 5 - 11 所示:

表 5 - 11　吉林省 2008 年供水价格(元/m³)

Table 5 - 11　Water supply price of Jilin province in 2008(yuan/m³)

市区名称	居民生活	行政事业	工业	经营服务	特种行业	加权平均
长春	2.10	3.80	3.80	7.20	10.00	3.56
吉林	1.50	2.50	2.50	3.80	8.00	2.35
四平	1.80	3.60	3.60	4.00	6.00	3.28
辽源	1.35	2.00	2.00	4.00	6.00	1.92
通化	1.10	1.60	1.60	2.50	6.00	1.53
白山	1.20	2.30	2.30	3.00	6.00	2.12
松原	1.50	2.48	2.48	3.80	8.00	2.33
白城	1.00	1.10	1.10	2.50	6.00	1.11

市区名称	居民生活	行政事业	工业	经营服务	特种行业	加权平均
延边朝鲜族自治州	1.60	2.30	2.30	2.50	6.00	2.18
加权平均	1.62	2.77	2.77	4.44	7.66	2.60

注:数据由吉林省物价局价格处提供。

根据表5-10和表5-11的供水量和供水价格情况,加权平均得到吉林森工集团2008年供水的平均价格为2.60元/t。

5.1.1.7 涵养水源服务总价值

由第3章表3-1的公式以及2008年森林蓄水水量的价格(1.00元/m³)计算得到吉林森工集团的年森林调节水量价值;由表3-1的公式以及2008年城市供水平均价格(2.60元/t)计算得到吉林森工集团的年森林净化水质价值;涵养水源服务总价值为二者之和,具体如表5-12所示:

表5-12 八个林业局2008年涵养水源服务总价值

Table 5-12 The forest water conservation value of the eight forest bureau in 2008

林业局分类	林分面积	林分调节水量价值	林分净化水质价值	涵养水源总价值	单位面积涵养水源价值
	hm²	亿元·a⁻¹	亿元·a⁻¹	亿元·a⁻¹	万元·hm⁻²·a⁻¹
露水河	109329	3.19	8.30	11.50	1.05
临江	195875	6.13	15.93	22.05	1.13
白石山	127579	3.47	9.03	12.50	0.98
红石	95622	2.21	5.74	7.95	0.83
松江河	94780	2.92	7.60	10.52	1.11
泉阳	70314.1	2.16	5.61	7.77	1.10
三岔子	155605	4.29	11.15	15.44	0.99
弯沟	19036	0.53	1.39	1.92	1.01
合计	868140.1	24.90	64.75	89.65	1.03

5.1.1.8　各林业局涵养水源价值分析

从表 5 – 12 的结果可以看出,吉林森工集团的森林资源比较丰富,涵养水源服务所产生的生态价值较高,森林生态系统在调节径流、拦蓄降水,以及净化水质等多方面都发挥着十分重要的作用。2008 年吉林森工集团的森林生态系统涵养水源服务价值共 89.65 亿元,单位面积涵养水源服务价值约为 1.03 万元/hm^2。其中临江涵养水源服务价值最大为 22.05 亿元,占总价值的 24.60%;其次三岔子为 15.44 亿元,占 17.23%;弯沟最小为 1.92 亿元,占 2.14%。由此可见,森林生态系统涵养水源的价值与林分面积关系密切,临江的林分面积最大,涵养水源服务价值最大,弯沟则最小,各林业局服务价值占总价值比重如图 5 – 3 所示:

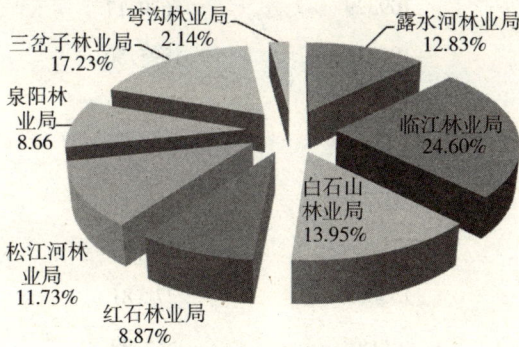

图 5 – 3　各林业局涵养水源服务价值分析图

Figure 5 – 3　Analysis chart of forest water conservation value in different forest bureau

5.1.2　保育土壤服务

森林生态系统具有保育土壤的服务,主要是指森林固土和土壤保肥。其中森林土壤保肥又包含保氮、保磷、保钾和保有机质。

5.1.2.1　森林固土量

(1)土壤侵蚀模数与平均容重

根据吉林松江源森林生态系统定位观测研究站的长期监测资料和相关研究成果,确定吉林森工集团各森林类型在不同时期的土壤侵蚀模数和平均容重。其中无林地的水土流失土壤侵蚀模数值取 17.66t/hm²/a。

（2）不同林种的森林土壤年固土量

主要采用减少土壤侵蚀程度来予以估算森林土壤年固土量。森林年固土量由第 3 章表 3 - 1 的公式和提供的相应数据计算得出,2008 年吉林森工集团八个林业局的年森林固土量如表 5 - 13 所示。

表 5 - 13　八个林业局的森林年固土量

Table 5 - 13　Forest soil mass of all kinds of forest in the eight forestry administration

林业局	森林面积	森林年固土量	森林年固土量
	hm²	万 t	万 m³
露水河	109329	5629.17	4524.88
临江	195875	1895.50	1484.70
白石山	127579	701.03	551.30
红石	95622	870.83	698.91
松江河	94780	166.17	129.19
泉阳	70314.1	123.33	94.82
三岔子	155605	272.81	214.36
弯沟	19036	585.99	471.24
总计	868140.1	10244.83	8169.40

从以上数据可以看出,2008 年吉林森工集团的优势树种总体森林年固土量为 10244.83 万 t（约 8169.40 万 m³）。

5.1.2.2　森林土壤保肥量

（1）土壤 N、P、K 及有机质含量

根据吉林森林生态系统定位观测研究站长期监测资料和研究成果,获得各森林类型的土壤养分含量数据。

（2）森林土壤保肥量

根据吉林森工集团不同森林类型的土壤 N、P、K 及其有机质含量,通过表 3 - 1 的公式计算得到八个林业局总体森林土壤的 N、P、K、有机质含量如表 5 - 14 所示:

表5－14　八个林业局总体森林土壤的 N、P、K、有机质含量(t)

Table 5－14　Nitrogen, phosphorus, potassium and organic content of different forest types of soil in the eight forestry administration(t)

林业局分类	年保氮量	年保磷量	年保钾量	年保有机质量	总计
露水河	57962.1	63217.0	1299336.6	1192856.5	2613372.2
临江	21121.2	22403.2	484296.4	327632.2	855453.0
白石山	7741.3	8633.8	177963.6	116243.2	310581.9
红石	8328.2	8861.2	171122.5	159691.6	348003.5
松江河	1964.1	1523.4	37311.8	40242.2	81041.5
泉阳	1643.1	1169.6	30164.8	32433.4	65410.9
三岔子	3180.7	3179.0	65581.8	50799.9	122741.4
弯沟	6029.1	6601.2	134446.2	123781.4	270857.9
总计	107969.8	115588.4	2400223.7	2043680.4	4667462.3

从上表可以看出，2008 年吉林森工集团森林土壤的 N、P、K、有机质含量(森林土壤的保肥量)总共为 446.7 万 t。

保育土壤服务价值主要包括森林固土价值和森林保肥价值。

5.1.2.3　森林固土价值

(1)土方挖取费用

吉林森工集团水土保持基建总投入如表5－15所示：

表5－15　吉林森工集团水土保持基建总投入

Table 5－15　Soil and water conservation infrastructure total in Jilin forest industry group

年份	基建总投入(万元)
2008	255
2009	135
2010	113
2011	710
2012	694
2013	555
合计	2462

注：根据吉林省水利厅提供的资料，挖取土方的单位定额费用为 3.15 元/m³。

(2)各森林类型的土壤容重及其固土价值

森林固土量可通过森林土壤容重由重量单位转变为体积单位求得。吉林森工集团的不同森林类型土壤容重和森林体积年固土量如表5－16。通过土方的挖取费用、土壤容重和森林固土量等指标的确立,求得森林年固土价值如表5－16所示:

表5－16　八个林业局不同森林类型的年固土价值

Table 5－16　solid earth value of different forest type in the eight forest bureau every year

林业局	林分面积	林分年固土量	林地土壤容重	挖土方费用	林分年固土价值	单位面积林分年固土价值
	hm²	t · a⁻¹	t · m－3	元 · m⁻³	万元 · a⁻¹	元 · hm⁻² · a⁻¹
露水河	109329	56291700	1.40	3.15	12665.63	1158.49
临江	195875	18955000	1.40	3.15	4264.88	217.73
白石山	127579	7010300	1.40	3.15	1577.32	123.63
红石	95622	8708300	1.40	3.15	1959.37	204.91
松江河	94780	1661700	1.40	3.15	373.88	39.45
泉阳	70314.1	1233300	1.40	3.15	277.49	39.46
三岔子	155605	2728100	1.40	3.15	613.82	39.45
弯沟	19036	5859900	1.40	3.15	1318.48	692.62
总计	868140.1	102448300	－	－	23050.87	265.52

注:土壤平均容重取1.4t/m³(吉林省林业厅提供)。

从以上数据可以看出,2008年吉林森工集团森林生态系统总固土价值为2.31亿元。其中露水河固土价值最高为1.27亿元,占吉林森工集团森林生态系统固土总价值的54.95%。其次临江为0.43亿元,占18.50%。泉阳和松江河的固土价值最低,分别为0.03亿元、0.04亿元,分别占吉林森工集团森林生态系统固土总价值的1.20%和1.62%。这主要与露水河林分面积较大,而泉阳和松江河的林分面积较小有关,各林业局固土价值占森工总固土价值的比重如图5－4所示:

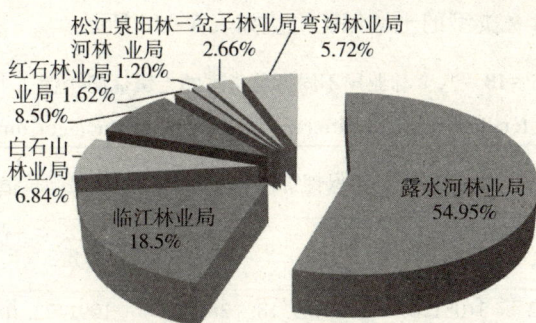

图 5-4　各林业局森林固土总价值分析图

Figure 5-4　Total value analysis diagram of forest soil in different forest bureau

5.1.2.4　森林土壤保肥价值

（1）化肥种类、规格和价格

本研究采用森林生态系统侵蚀土壤中的主要营养元素:氮、磷和钾,将土壤中营养元素的含量折算成尿素、过磷酸钙和氯化钾的价值,以此求得森林土壤保肥的价值。化肥中含氮量、含磷量,以及含钾量如表 5-17 所示,其中化肥价格由吉林省农牧局提供。

表 5-17　吉林省 2008 年化肥平均价格

Table 5-17　Average price fertilie of Jilin province in 2008

商品名称	牌号规格等级	单位	2008 年
尿素	含氮46%,国产	元/kg	1.80
过磷酸钙	含磷12%,国产	元/kg	0.59
氯化钾	含氯化钾50%,国产	元/kg	3.85

注:数据来自于吉林省农牧局。

（2）土壤有机质价格

本研究采用农业部《中国农业信息网》发布的有机质平均价格 320 元/t 计算。

（3）森林土壤保肥价值

由提供的化肥氮、磷、钾含量和价格,以及查到的土壤有机质价格,计算得出吉林森工集团不同森林类型的土壤保肥价值如表 5 - 18 所示：

表 5 - 18 八个林业局不同森林类型的土壤保肥价值

Table 5 - 18 Soil fertilier value of different forest type in the eight forest bureau

林业局	年保氮价值	年保磷价值	年保钾价值	年保有机质价值	年保肥价值	单位面积年保肥价值
	万元·a^{-1}	万元·a^{-1}	万元·a^{-1}	万元·a^{-1}	万元·a^{-1}	万元·hm^{-2}·a^{-1}
露水河	22680.82	31081.69	1000489.18	38171.41	1092423.10	9.99
临江	8264.82	11014.91	372908.23	10484.23	402672.18	2.06
白石山	3029.20	4244.95	137031.97	3719.78	148025.91	1.16
红石	3258.86	4356.76	131764.33	5110.13	144490.07	1.51
松江河	768.56	749.01	28730.09	1287.75	31535.40	0.33
泉阳	642.95	575.05	23226.90	1037.87	25482.77	0.36
三岔子	1244.62	1563.01	50497.99	1625.60	54931.21	0.35
弯沟	2359.21	3245.59	103523.57	3961.00	113089.38	5.94
合计	42249.05	56830.96	1848172.25	65397.77	2012650.04	2.32
平均	-	-	-	-	-	0.29

从以上数据可以看出,2008 年吉林森工集团森林土壤保肥价值为 201.27 亿元。其中露水河森林土壤保肥价值最高为 109.24 亿元,占吉林森工集团森林土壤保肥价值的54.28% ;其次临江为 40.27 亿元,占 20.01% ;泉阳森林土壤保肥价值最低为 2.55 亿元,占 1.27% ,各林业局土壤保肥价值占森工总土壤保肥价值的比重如图 5 - 5 所示:

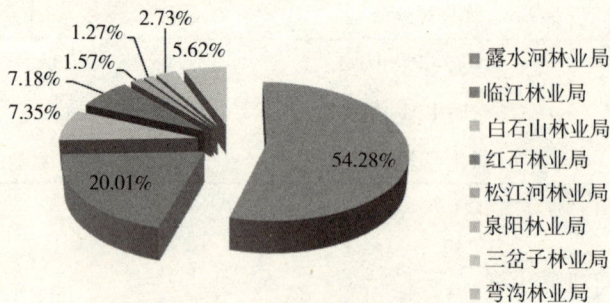

图 5 - 5 吉林森工集团森林保肥价值分析图

Figure 5 - 5 Analysis chart of soil fertilier value in Jilin forest industry group

5.1.2.5　保育土壤服务价值

森林保育土壤服务价值是森林固土价值量和森林土壤保肥价值量之和,具体如表 5 - 19 所示:

表 5 - 19　八个林业局不同森林类型的保育土壤价值

Table 5 - 19　Soil conservation value of different forest type in the eight forest bureau

林业局	年固土价值	年保肥价值	年保育土壤总价值	年保育土壤总价值	单位面积年保育土壤价值
	万元 · a^{-1}	万元 · a^{-1}	万元 · a^{-1}	亿元 · a^{-1}	万元 · hm^{-2} · a^{-1}
露水河	12665.63	1092423.10	1105088.73	110.51	10.11
临江	4264.88	402672.18	406937.06	40.69	2.08
白石山	1577.32	148025.91	149603.23	14.96	1.17
红石	1959.37	144490.07	146449.44	14.64	1.53
松江河	373.88	31535.40	31909.28	3.19	0.34
泉阳	277.49	25482.77	25760.26	2.58	0.37
三岔子	613.82	54931.21	55545.03	5.55	0.36
弯沟	1318.48	113089.38	114407.86	11.44	6.01
合计	23050.87	2012650.04	2035700.91	203.57	2.34
平均	-	-	-	-	0.29

从以上数据可以看出,2008 年吉林森工集团森林生态系统保育土壤价值为 203.57 亿元,单位面积保育土壤服务价值为 2.34 万元/hm^2。其中露水河保育土壤服务价值最高为 110.51 亿元,占吉林森工集团不同森林类型保育土壤总价值的 54.29%;其次临江为 40.69 亿元,占 19.99%;泉阳和松江河最低,分别为 2.58 亿元和 3.19 亿元 · a^{-1},分别占吉林森工集团不同森林类型保育土壤总价值的 1.27% 和 1.57%,各林业局保育土壤价值占森工总保育土壤价值的比重如图 5 - 6 所示:

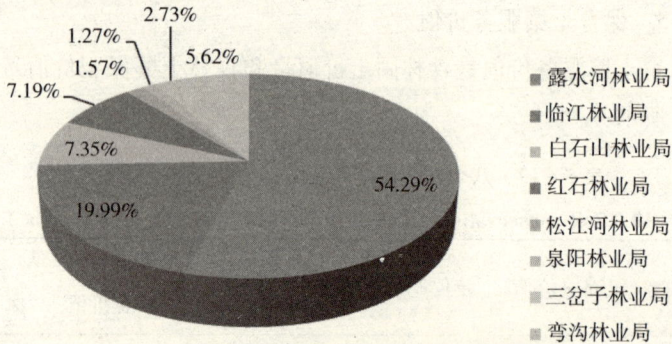

图 5 - 6 各林业局保育土壤服务总价值分析图

Figure 5 -6 Analysis chart of Forest soil conservation value in different forest bureau

5.1.3 净化大气环境服务

森林生态系统具有净化大气环境服务,它的实物量评价主要是由森林提供负离子、吸收 SO_2、吸收氮氧化物、吸收氟化物、滞尘和降低噪声六部分组成。从已有文献研究来看,关于净化大气环境服务价值评估结果普遍偏大。

本研究充分考虑到不同区域包含的不同林种,而不同林种的生长期也不同。如在吉林森工集团冬季,气候十分寒冷,即便是针叶树在提供负离子、吸收 SO_2、吸收氮氧化物、吸收氟化物、滞尘等功能都极其微弱甚至停止。因此,针对森林生态系统在净化大气环境实物量评估时,不能按照植被100%全年都能提供生态服务,各指标(忽略降低噪声)都应加上相应的调节系数。关于调节系数的确定,本研究利用了吉林森工集团各森林植被的生长季节予以调整。以下分别对15种树种的生长季节进行阐述并确定相应的调节系数。

(1)红松(Pinus koraiensis)

红松常见于我国东北长白山及小兴安岭地区,树高一般可达 40 ~50m,弱阳性,喜冷凉湿润气候,耐寒,生长季节为3—7月。

(2)云杉(Picea asperata Mast.)

云杉树高一般可达 40 ~45m,小枝有疏生或密生短柔毛,较喜光,喜凉润气候及排水良好的酸性土壤,耐阴、耐干冷,但不适应空气污染的环境,生长很缓慢,生长季节为 4—10 月。

（3）樟子松（mongolica Litv）

樟子松是我国主要优良造林树种，适应性强。嗜阳光，喜酸性土壤，耐寒抗旱、耐瘠薄，生长季节为 5—10 月。

（4）落叶松（Larix spp.）

落叶松是东北、内蒙古、华北，以及西南等地区森林的主要组成树种，生长季节为 5—10 月。

（5）臭松（Symplocarpus foetidus）

臭松主产东北小兴安岭至长白山山地，树高可达 30m，生长季节为 5—10 月。

（6）水曲柳（Fraxinus mandschurica Rupr.）

水曲柳分布于东北、华北等地区，树高可达 30m，与黄菠萝、胡桃楸并称为"东北三大硬阔"，生长季节为 4—8 月。

（7）胡桃楸（Juglans mandshurica Maxim.）

胡桃楸分布在我国东北、河北北部，树高可达 20m，羽状复叶长有明显细密锯齿，下面有贴伏短柔毛和星状毛，生长季节为 4—8 月。

（8）黄菠萝树（Phellodendron amurense Rupr.）

黄菠萝树主要生长于山区，是我国三大珍贵阔叶树种之一，树高达 22m，生长季节为 4—10 月。

（9）椴树（Tilia tuan Sysyl.）

椴树主要分布于北温带和亚热带，具星状毛，髓及皮层还具有黏液，生长季节为 6—10 月。

（10）柞树（Xylosma racemosum）

柞树主要分布于北半球温带地区，单叶互生，边缘平滑或有锯齿状，生长季节为 5—10 月。

（11）榆树（Ulmus pumila.）

榆树树干直立，高达 25m，单叶互生，有多重锯齿，生长季节为 3—5 月。

（12）色树（Acer elegantulum）

色树高达 20m，叶掌状 5 裂，裂片较宽，生长季节为 5—9 月。

（13）枫桦（Betula davuric）

枫桦集中分布于我国东北小兴安岭、长白山林区,生长季节为6—10月。

（14）白桦（Betula platyphylla Suk.）

白桦树干可达25m高,单叶互生,叶边缘有锯齿,无毛,外被白色蜡层,生长季节为5—10月。

（15）杨树（Populus L.）

杨树主要分布于我国东北、西北、华北和西南等地区,单叶互生,微被毡毛对 SO_2 及有害气体有一定抗性,生长季节为3—5月。

吉林森工集团不同森林类型各指标相应的调节系数如表5-20所示:

表5-20 吉林森工集团不同森林类型的生长季调节系数

Table 5-20 Adjustment coefficient about growing season of different forest types in Jilin forest industry group

森林类型	红松林	云杉林	樟子松林	落叶松林	臭松林	水曲柳林	胡桃楸林	黄菠萝林	椴树林	柞树林	榆树林	色树林	枫桦林	白桦林	杨树林
生长季（月）	3—7	4—10	5—10	5—10	5—10	4—8	4—8	4—10	6—10	5—10	3—5	5—9	6—10	5—10	3—5
调节系数（%）	0.42	0.58	0.50	0.50	0.50	0.42	0.42	0.58	0.42	0.50	0.25	0.42	0.42	0.50	0.25

5.1.3.1 森林提供负离子数量

（1）林分高度

采用吉林森工集团森林经营方案的数据,经面积加权统计得到吉林森工集团8个林业局共15种不同类型森林的平均树高如表5-21所示:

表5-21 吉林森工集团各森林类型的平均树高（m）

Table 5-21 Lorey's mean height of different forest types in Jilin forest industry group（m）

森林类型	露水河	临江	白石山	红石	松江河	泉阳	三岔子	弯沟	平均高
红松林	44.4	40.7	44.3	43.0	43.5	39.2	42.7	41.9	42.5
云杉林	38.6	42.8	41.4	39.2	40.6	39.7	38.7	42.1	40.4
樟子松林	15.1	14.5	18.1	14.6	17.1	13.4	14.1	18.1	15.6

续表

森林类型	露水河	临江	白石山	红石	松江河	泉阳	三岔子	弯沟	平均高
落叶松林	36.3	37.0	26.6	35.1	26.3	34.8	27.2	31.6	31.9
臭松林	9.0	10.0	9.8	8.7	11.1	8.6	11.0	8.2	9.5
水曲柳林	18.8	25.0	22.3	24.5	20.1	19.1	21.1	22.9	21.7
胡桃楸林	19.2	18.5	19.1	18.5	19.4	19.5	20.8	20.4	19.4
黄菠萝林	19.7	22.4	20.8	21.7	22.9	20.3	21.0	22.6	21.4
椴树林	10.8	13.1	11.1	12.8	10.9	12.3	13.2	11.7	12.0
柞树林	10.9	12.2	10.8	12.8	12.3	10.1	10.5	11.5	11.4
榆树林	20.3	21.6	19.8	16.1	22.1	23.2	17.0	23.1	20.4
色树林	18.1	16.5	16.2	18.3	16.7	16.4	19.7	16.5	17.3
枫桦林	11.8	18.1	12.0	14.6	19.0	16.5	17.3	14.3	15.4
白桦林	23.9	21.1	22.7	24.8	18.4	19.9	23.4	23.7	22.2
杨树林	29.4	29.6	29.6	31.7	24.7	25.5	28.1	28.1	28.3

（2）各森林类型内的负离子浓度

通过生态站的长期观测,结合有关文献研究结果(常艳、王庆民等,2010)得到吉林森工集团各森林类型内的负离子浓度如表5-22所示:

表5-22　吉林森工集团各森林类型中的负离子浓度(个·cm⁻³)

Table 5-22　Aeroanion concentration of different forest types in Jilin forest industry group(个·cm⁻³)

森林类型	红松林	云杉林	樟子松林	落叶松林	臭松林	水曲柳林	胡桃楸林	黄菠萝林	椴树林	柞树林	榆树林	色树林	枫桦林	白桦林	杨树林
负离子浓度	1630	1803	1785	1977	1649	1608	1682	1583	1630	1803	1785	1977	1649	1608	1682

（3）森林提供的负离子量

森林提供的负离子实物量主要是以大陆的空气中所含负离子浓度(600个/cm³)为参照,利用森林所含负离子浓度减去大陆空气中的负离子浓度,得到森林生态系统提供的负离子实物量。根据有关实验表明,负离子的寿命为10分钟。

森林提供负离子的实物量由第 3 章表 3 – 1 的公式计算得出,2008 年林业局不同森林类型每年提供的负离子数量如表 5 – 23 所示:

表 5 – 23 八个林业局不同森林类型年提供的负离子数量

Table 5 – 23 The amount of negative ions to provide various forest types in the eight forest bureau every year

森林类型	森林面积	林分负离子量浓度	森林平均高度	森林年提供负离子数	森林年提供负离子数
	hm^2	个·cm^{-3}	m	个·a^{-1}	1023 个·a^{-1}
红松林	112370	1630	44.4	1.13E + 24	11.25
云杉林	37345	1803	38.6	5.32E + 23	5.32
樟子松林	47842	1785	15.1	2.25E + 23	2.25
落叶松林	104881	1977	36.3	1.38E + 24	13.78
臭松林	53841	1649	9	1.34E + 23	1.34
水曲柳林	45034	1608	18.8	1.87E + 23	1.87
胡桃楸林	55366	1682	19.2	2.52E + 23	2.52
黄菠萝林	35822	1583	19.7	2.13E + 23	2.13
椴树林	38690	1630	10.8	9.43E + 22	0.94
柞树林	51811	1803	10.9	1.79E + 23	1.79
榆树林	57460	1785	20.1	1.82E + 23	1.82
色树林	35451	1977	18.1	1.94E + 23	1.94
枫桦林	13357	1649	11.8	3.62E + 22	0.36
白桦林	31539	1608	23.9	2E + 23	2.00
杨树林	217645	1682	29.4	9.1E + 23	9.10
合计	938455	–	–	5.84E + 24	58.38
平均	–	–	21.8	–	–

5.1.3.2 森林吸收大气污染物量和滞尘

（1）森林吸收大气中污染物的能力

根据吉林森工集团森林生态系统吸收污染物和滞尘能力的有关资料,整理的森林吸收大气污染物量和滞尘量结果如表 5 - 24 所示。

（2）森林吸收 SO_2 量、氟化物量、氮氧化物量和滞尘量

根据吉林森工集团不同森林类型的面积，由表 3 - 1 的公式计算 2008 年森林吸收 SO_2 量、氟化物量、氮氧化物量和滞尘量如表 5 - 24 所示：

表 5 - 24　八个林业局不同森林类型年吸收 SO_2 量、氟化物量、氮氧化物量和滞尘量

Table 5 - 24　The amount of absorbing SO_2 , Fluoride , nitrogen and dust in the eight forest bureau

森林类型	林分面积	林分年吸收 SO_2 量	林分年吸收氟化物量	林分年吸收氮氧化物量	林分年滞尘量
	hm^2	万 $t \cdot a^{-1}$	万 $t \cdot a^{-1}$	万 $t \cdot a^{-1}$	万 $t \cdot a^{-1}$
红松林	112370	55.3	1.3	2.8	4883.5
云杉林	37345	28.1	0.8	1.3	4132.3
樟子松林	47842	23.3	0.8	1.4	3291.3
落叶松林	104881	55.4	1.9	3.1	13600.7
臭松林	53841	34.9	0.9	1.6	8405.7
水曲柳林	45034	17.2	0.8	1.1	3101.1
胡桃楸林	55366	34.9	0.9	1.4	2555.1
黄菠萝林	35822	22.8	0.9	1.3	2380.0
椴树林	38690	18.2	0.6	1.0	5020.2
柞树林	51811	38.7	0.7	1.6	3509.5
榆树林	57460	21.5	0.5	0.9	2673.1
色树林	35451	22.3	0.7	0.9	4511.9
枫桦林	13357	5.9	0.2	0.3	778.2
白桦林	31539	22.4	0.5	0.9	3959.1
杨树林	217645	72.4	1.5	3.3	11343.8
合计	938455	473.3	13.1	22.9	74145.5

5.1.3.3 森林降低噪声实物量

(1)公路带声屏障降噪效果

森林降低噪声的实物量,可利用度量公路两边绿化带的声屏障降低噪声效果以替代。根据吉林省交通运输厅提供的相关研究资料,得到吉林森工集团所含的公路声屏障建设成本和降噪效果。其中取八个林业局公路声屏障隔音效果的中值得到平均隔音效果为8.9dB,具体如表5 – 25所示:

表5 – 25 吉林森工集团公路声屏障建设成本及降噪效果

Table 5 – 25 Construction costs and the effect of noise reduction of expressway
noise barrier in Jilin forest industry group

林业局	里程(km)	使用寿命(年)	材质	长(m)	高(m)	隔音效果
露水河	856.51	15 ~ 20	木屑板、透明隔音板	1490	3.0 ~ 3.5	5 ~ 10
临江	754.40	20 ~ 30	轻质水泥声屏障	3960	3.0 ~ 3.5	5 ~ 15
白石山	497.69	15 ~ 20	木屑板、透明隔音板	1150	3.0 ~ 3.5	5 ~ 8
红石	1017.13	15 ~ 20	金属百叶声屏障	3458	3.0 ~ 3.5	10 ~ 15
松江河	758.89	15 ~ 20	木屑板、透明隔音板	2354	3.0 ~ 3.5	5 ~ 10
泉阳	520.90	15 ~ 20	彩钢复合板隔音屏障	1723	3.0 ~ 3.5	10 ~ 15
三岔子	1022.20	15 ~ 20	木屑板、透明隔音板	3523	3.0 ~ 3.5	5 ~ 10
弯沟	828.00	15 ~ 20	木屑板、透明隔音板	2341	3.0 ~ 3.5	5 ~ 10
合计	6255.72	—	—	—	—	—
平均	—	—	—	—	—	8.9

注:数据由吉林省交通运输厅提供。

(2)林带降噪当量宽度(D_0)

相关学者针对林带降噪当量宽度进行了研究,测量了在有无林带情况下不同距离的噪声愈量衰减情况(周敬宣等,2005),具体如表5 – 26、图5 – 7所示:

表 5 – 26　据噪声源不同距离上的愈量衰减（dB）

Table 5 – 26　The amount of attenuation according to the noise source of different distances（dB）

噪声源距离	林带 1	林带 2	林带 3	林带 4	林带 5	林带 6	林带 7	林带 8
0	0.0	0.0	0.0	0.0	0.0	0.0	0.0	0.0
10	1.0	1.1	0.9	0.7	1.0	0.6	0.6	0.7
20	2.3	2.4	1.9	1.5	1.9	1.4	1.2	1.1
30	3.2	3.4	3.0	2.7	2.4	2.1	1.9	2.0
40	4.4	4.7	3.9	3.6	3.2	3.0	2.4	2.6

根据表 5 – 26 的统计数据，进行相关分析和模拟得到以下公式，其中相关系数 $R^2 = 0.8557$，测算出林带降噪当量宽度（$D0$）。

$$D_0 = 11.021X \tag{5 – 2}$$

式中，D_0 – 距噪声源的距离，m；X – 噪声的愈量衰减，dB，声屏障的平均隔音效果为 8.9dB，带入上式得 $D0$ 为 98.09m。

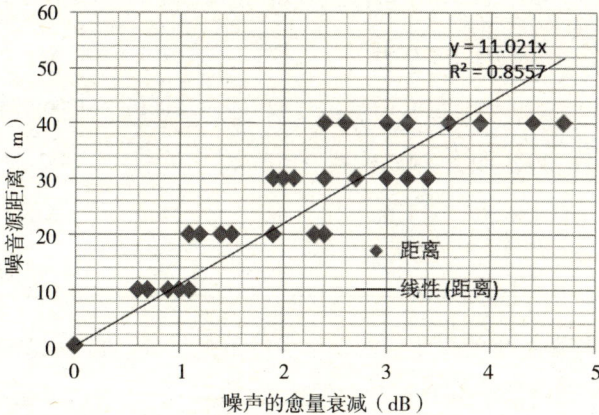

图 5 – 7　不同噪声源距离上的噪声愈量衰减

Figure 5 – 7　The more noise attenuation in different noise source distance

（3）吉林森工集团不同等级公路绿化带单侧长宽度

根据吉林省林业厅提供的资料,得到吉林森工集团不同等级公路单侧绿化带的长宽度,并计算林带降低噪声当量的长度。

（4）林带降低噪声当量长度

根据 D_0,由第3章表3-1的公式,计算得到吉林森工集团各公路等级的林带降噪当量长度如表5-27所示:

表5-27 吉林森工集团各公路类别(等级)的林带降低噪声当量长度
Table 5-27 Forest reduce noise equivalent length of each road category (level)
in Jilin forest industry group

林业局	单侧绿化宽度(m)	公路里程(km)	单侧绿化长度(km)	公路数量(条、段)	绿化率%	面积(hm²)	林带当量长度(m)
露水河	10	856.51	0.86	17	55.0	856.75	1484.84
临江	11	754.40	0.89	80	67.9	975.931	2686.32
白石山	12	497.69	0.75	67	80.5	895.848	6119.06
红石	13	1017.13	1.42	61	73.7	1851.174	11512.04
松江河	15	758.89	0.91	58	67.1	1366.005	8077.10
泉阳	16	520.90	0.63	42	70.1	1000.128	4282.33
三岔子	20	1022.20	1.23	61	61.2	2453.28	15256.41
弯沟	21	828.00	1.08	60	51.9	2260.44	13826.73
合计	-	6255.72	7.77	393	-	11659.556	63244.83

净化大气环境服务价值主要包括森林提供负离子、吸收 SO_2、吸收氮氧化物、吸收氟化物、滞尘和降低噪声价值等六个指标。

5.1.3.4 森林提供负离子价值

（1）电费价格

根据吉林省物价局网站,得到2008年正常居民生活用电的电费价格为0.322元/度。

（2）负离子生产费用

本研究的负离子生产费用主要是根据台州市科利达电子有限公司生产的负离子费用来予以计算。具体操作过程是利用功率为 6W 的 KLD – 2000 型负离子发生器(65 元/个)，在高 3m、空间为 30m^2 的房间内，产生的负离子浓度为 106 个/cm^3。其中负离子寿命为 10 分钟，2008 年吉林省民用平均电费为 0.322 元/KW。得到负离子生产费用为 4.95187 × 10 – 18 元/个，推导公式的过程如下：

$$负离子生产费用(元/个) = \frac{负离子发生器年使用费(元/a) + 年电费(元/a)}{年生产负离子数量(个/a)}$$

$$\frac{\frac{65}{10} + 0.322 \times (24 \times 365 \times \frac{6}{100}}{10^6 \times 30 \times 3 \times 100^3 \times \frac{60 \times 24 \times 365}{10}} 4.95187^* 10^{-18}。$$

（3）各森林类型提供的负离子价值

由已知负离子生产费用，计算得到吉林森工集团森林每年提供的负离子价值如表 5 – 28 所示：

表 5 – 28 八个林业局森林每年提供的负离子价值量

Table 5 – 28 Anion value of forests provide in the eight forest bureau every year

森林类型	林分面积	林分年提供负离子价值	林分年提供负离子价值	单位面积年提供负离子价值
	hm^2	元·a^{-1}	万元·a^{-1}	元·hm^{-2}·a^{-1}
红松林	112370	5570853.75	557.09	49.58
云杉林	37345	2634394.84	263.44	70.54
樟子松林	47842	1114170.75	111.42	23.29
落叶松林	104881	6823676.86	682.37	65.06
臭松林	53841	663550.58	66.36	12.32
水曲柳林	45034	925999.69	92.60	20.56
胡桃楸林	55366	1247871.24	124.79	22.54
黄菠萝林	35822	1054748.31	105.47	29.44
椴树林	38690	465475.78	46.55	12.03
柞树林	51811	886384.73	88.64	17.11

森林类型	林分面积	林分年提供负离子价值	林分年提供负离子价值	单位面积年提供负离子价值
	hm^2	元·a^{-1}	万元·a^{-1}	元·hm^{-2}·a^{-1}
榆树林	57460	901240.34	90.12	15.68
色树林	35451	960662.78	96.07	27.10
枫桦林	13357	178267.32	17.83	13.35
白桦林	31539	990374.00	99.04	31.40
杨树林	217645	4506201.70	450.62	20.70
合计	938455	–	–	30.82
平均	–	–	–	2.05

从以上数据可以看出,2008 年落叶松提供负离子价值最高为 0.07 亿元,占吉林森工集团森林生态系统年提供负离子价值的 23.59%;其次红松林为 0.06 亿元,占 19.26%;价值较低的枫桦林、椴树林和臭松林分别占吉林森工集团森林生态系统年提供负离子总价值 0.62%、1.61% 和 2.29%,具体如图 5 – 8 所示:

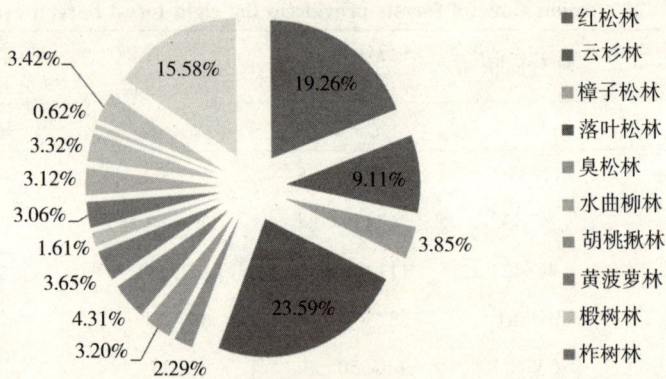

图 5 – 8　各森林类型每年提供的负离子价值量分析图

Figure 5 – 8　Analysis chart to provide negative ion value of various forest types each year

因此,2008 年吉林森工集团提供负离子总价值为 0.27 亿元。其中临江提供负离子总价值最多为 0.07 亿元,占吉林森工集团森林生态系统年提供负离子价值的 25.28%;三岔子次之为 0.05 亿元,占 16.58%;弯沟提供负离子总价值最少为 0.01 亿元,占 2.22%,具体如图 5-9 所示:

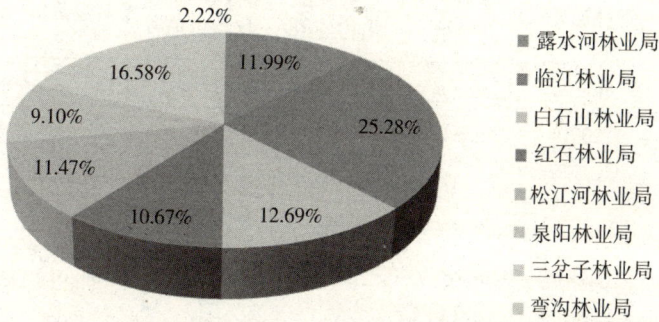

图 5-9 各林业局森林每年提供的负离子价值量分析图

Figure 5-9 Analysis chart to provide negative ion value of various forest bureau each year

5.1.3.5 森林吸收大气污染物及滞尘价值

(1)大气污染物治理和降尘清理费用

根据中华人民共和国林业行业标准,对大气中的 SO_2、氟化物、氮氧化物的治理及滞尘清理费用进行计算,具体如表 5-29 所示:

表 5-29 大气中的 SO_2、氟化物、氮氧化物治理费用及除尘费用

Table 5-29 Running costs of SO_2 in the atmosphere,fluoride,nitrogen oxides, cost of the dust removal

大气污染物治理	SO_2	氟化物	氮氧化物	降尘
费用(元·kg^{-1})	1.2	0.69	0.63	0.15

(2)森林吸收 SO_2、氟化物、氮氧化物及滞尘价值

根据表 3-1 的公式,计算得到吉林森工集团各森林类型吸收 SO_2、氟化物、氮氧化物及滞尘的价值如表 5-30 所示:

表 5 - 30　八个林业局森林类型吸收 SO$_2$、氟化物、氮氧化物及除尘价值

Table 5 - 30　Value of absorption of SO$_2$, fluoride, nitrogen oxides and dust removal of different forest type in the eight forest bureau

森林类型	森林面积	年吸收 SO$_2$ 总价值	年吸收氟化物价值	年吸收氮氧化物价值	年滞尘价值	合计
	hm^2	亿元·a^{-1}	亿元·a^{-1}	亿元·a^{-1}	亿元·a^{-1}	亿元·a^{-1}
红松林	112370	6.64	0.09	0.18	73.25	80.15
云杉林	37345	3.37	0.06	0.08	61.98	65.49
樟子松林	47842	2.80	0.06	0.09	49.37	52.31
落叶松林	104881	6.65	0.13	0.20	204.01	210.98
臭松林	53841	4.19	0.06	0.10	126.09	130.44
水曲柳林	45034	2.06	0.06	0.07	46.52	48.71
胡桃楸林	55366	4.19	0.06	0.09	38.33	42.66
黄菠萝林	35822	2.74	0.06	0.08	35.70	38.58
椴树林	38690	2.18	0.04	0.06	75.30	77.59
柞树林	51811	4.64	0.05	0.10	52.64	57.44
榆树林	57460	2.58	0.03	0.06	40.10	42.77
色树林	35451	2.68	0.05	0.06	67.68	70.46
枫桦林	13357	0.71	0.01	0.02	11.67	12.41
白桦林	31539	2.69	0.03	0.06	59.39	62.17
杨树林	217645	8.69	0.10	0.21	170.16	179.16
合计	938455	56.80	0.90	1.44	1112.18	-

　　从以上数据可以看出,在吉林森工集团各森林类型吸收 SO$_2$、氟化物、氮氧化物及滞尘总价值中,以落叶松林价值最高为 210.98 亿元,占森林吸收 SO$_2$、氟化物、氮氧化物及滞尘总价值的 18.01%;其次杨树为 179.16 亿元,占 15.30%;最少的枫桦林总价值为 12.41 亿元,占 1.06%,具体如图 5 - 10 所示:

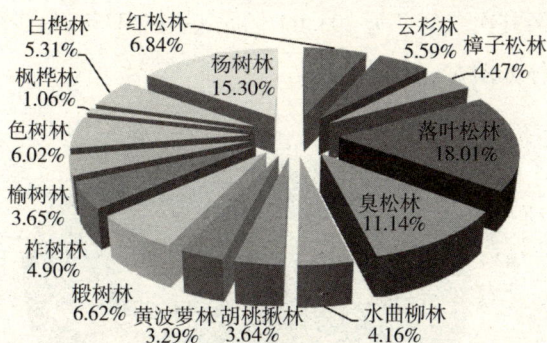

图 5 – 10　各森林类型年吸收污染物和滞尘的价值分析图

Figure 5 – 10　Value analysis diagram of absorb pollutants and dust of different forest type

综合以上结果,得出吉林森工集团各林业局不同森林类型年吸收 SO_2、氟化物、氮氧化物及滞尘的总价值如表 5 – 31 所示:

表 5 – 31　八个林业局森林类型吸收 SO_2、氟化物、氮氧化物及除尘总价值

Table 5 – 31　Total value of whole forest type absorption of SO_2, fluoride, nitrogen oxides and dust removal in the eight forest bureau

林业局	总计
露水河	141. 04
临江	226. 21
白石山	149. 24
红石	146. 56
松江河	130. 08
泉阳	82. 23
三岔子	203. 09
弯沟	29. 30
总计	1107. 75

从以上数据可以看出,2008 年吉林森工集团森林年吸收污染物和滞尘总价值为 1107. 75 亿元。其中临江森林年吸收污染物和滞尘价值最高为 226. 21 亿元,占

总价值的 20.42% ;其次三岔子为 203.09 亿元,占 18.33% ;最少弯沟为 29.30 亿元,占 2.64% ,具体如图 5 –11 所示:

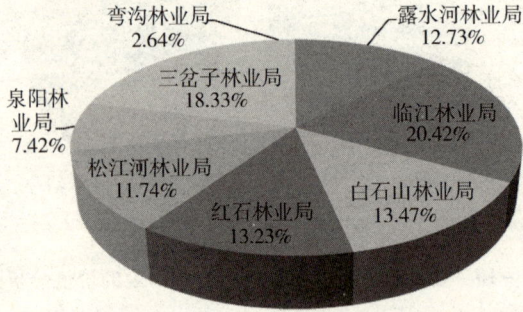

图 5 –11 各林业局森林年吸收污染物和滞尘价值分析图

Figure 5 – 11 Value analysis chart of forest in absorb pollutants and dust in different forest bureau

5.1.3.6 森林降噪价值

(1)林带降噪的当量价格

根据公路两边声屏障长度,可计算出声屏障的单位长度造价。其中声屏障的平均使用寿命按 15 年计算,得到吉林森工集团建造每米声屏障的年平均投资如表 5 –32 所示:

表 5 –32 吉林森工集团声屏障的年平均投资

Table 5 –32 The average annual investment of sound barrier in Jilin forest industry group

林业局	里程(km)	总投资(元)	使用寿命(年)	长(m)	高(m)	单位长度造价(元·m^{-1})	每年平均费用(元·$m^{-1} \cdot a^{-1}$)
露水河	856.51	4693500	15	1490	3.0 ~ 3.5	3150	210.00
临江	754.40	13464000	15	3960	3.0 ~ 3.5	3400	226.67
白石山	497.69	3967500	15	1150	3.0 ~ 3.5	3450	230.00
红石	1017.13	12275900	15	3458	3.0 ~ 3.5	3550	236.67
松江河	758.89	7815280	15	2354	3.0 ~ 3.5	3320	221.33

续表

林业局	里程(km)	总投资(元)	使用寿命(年)	长(m)	高(m)	单位长度造价(元·m^{-1})	每年平均费用(元·$m^{-1}\cdot a^{-1}$)
泉阳	520.90	5427450	15	1723	3.0~3.5	3150	210.00
三岔子	1022.20	11696360	15	3523	3.0~3.5	3320	221.33
弯沟	828.00	7725300	15	2341	3.0~3.5	3300	220.00
合计	6255.72	67065290	—	19999			—
加权平均	—	—	—				222.00

（2）林带降噪价值

由表3－1的公式,计算得到吉林森工集团各林业局的公路绿化林带降噪价值如表5－33所示:

表5－33 吉林森工集团公路绿化林带降低噪声价值

Table 5－33 Reduce noise value of Highway landscaping belts in Jilin forest industry group

林业局	林带当量长度(m)	每年每m费用(元·$m^{-1}\cdot a^{-1}$)	林带降低噪声价值(万元/a)
露水河	145300	222.00	3225.6600
临江	12700	222.00	281.9400
白石山	17170	222.00	381.1740
红石	284700	222.00	6320.3400
松江河	11500	222.00	255.3000
泉阳	11170	222.00	247.9740
三岔子	180700	222.00	4011.5400
弯沟	20500	222.00	455.1000
合计	683740	—	15179.0280

从以上数据可以看出,2008年吉林森工集团所有公路绿化带降噪总价值为1.52亿元。其中红石、三岔子的公路绿林带降噪价值较高,分别为0.63亿元、

0.40亿元,分别占吉林森工集团所有公路绿化带降噪总价值的41.64%、26.43%;泉阳的公路绿化带降噪价值最低为0.02亿元,占1.63%,具体如图5-12所示:

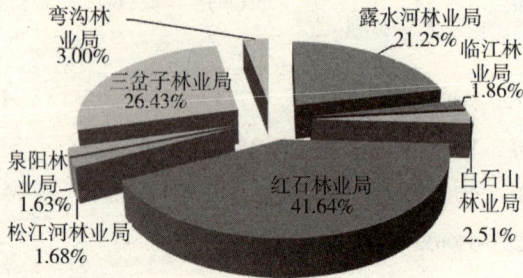

图5-12 各林业局公路绿化带降低噪声的价值分析图

Figure 5 – 12 Benefit analysis diagram of road green belts to reduce noise in different forest bureau

5.1.3.7 净化大气环境服务价值

森林生态系统净化大气环境总价值是森林提供负离子、吸收SO_2、吸收氟化物价值、吸收氮氧化物、滞尘和降低噪声六方面价值的总和。其中单独计算的森林降低噪声价值,应该加在其余净化大气环境服务五方面总价值之中,具体如表5-34所示:

表5-34 八个林业局净化大气环境服务总价值(除降低噪声价值)

Table 5 –34 Total value of forest purifying atmospheric environment in the eight forest bureau(in addition to reduce noise value)

森林类型	森林面积	林分年提供负离子价值	林分年吸收SO_2总价值	林分年吸收氟化物价值	林分年吸收氮氧化物价值	林分年滞尘价值	合计	单位面积净化大气环境价值
	hm^2	亿元·a^{-1}	亿元·a^{-1}	亿元·a^{-1}	亿元·a^{-1}	亿元·a^{-1}	亿元·a^{-1}	万元·hm^{-2}·a^{-1}
红松林	112370	0.06	6.64	0.09	0.18	73.25	80.22	7.14
云杉林	37345	0.03	3.37	0.06	0.08	61.98	65.52	17.54

续表

森林类型	森林面积	林分年提供负离子价值	林分年吸收SO$_2$总价值	林分年吸收氟化物价值	林分年吸收氮氧化物价值	林分年滞尘价值	合计	单位面积净化大气环境价值
	hm^2	亿元·a^{-1}	亿元·a^{-1}	亿元·a^{-1}	亿元·a^{-1}	亿元·a^{-1}	亿元·a^{-1}	万元·hm^{-2}·a^{-1}
樟子松林	47842	0.01	2.80	0.06	0.09	49.37	52.33	10.94
落叶松林	104881	0.07	6.65	0.13	0.20	204.01	211.06	20.12
臭松林	53841	0.01	4.19	0.06	0.10	126.09	130.45	24.23
水曲柳林	45034	0.01	2.06	0.06	0.07	46.52	48.72	10.82
胡桃楸林	55366	0.01	4.19	0.06	0.09	38.33	42.68	7.71
黄菠萝林	35822	0.01	2.74	0.06	0.08	35.70	38.59	10.77
椴树林	38690	0.00	2.18	0.04	0.06	75.30	77.58	20.05
柞树林	51811	0.01	4.64	0.05	0.10	52.64	57.44	11.09
榆树林	57460	0.01	2.58	0.03	0.06	40.10	42.78	7.44
色树林	35451	0.01	2.68	0.05	0.06	67.68	70.48	19.88
枫桦林	13357	0.00	0.71	0.01	0.02	11.67	12.41	9.29
白桦林	31539	0.01	2.69	0.03	0.06	59.39	62.18	19.72
杨树林	217645	0.05	8.69	0.10	0.21	170.16	179.21	8.23
合计	938455	0.29	56.80	0.90	1.44	1112.18	–	–

从表5-34分析可以看出,八个林业局不同森林类型净化大气环境价值(除

降低噪声价值)占净化大气环境总价值的比重情况如图 5 - 13 所示:

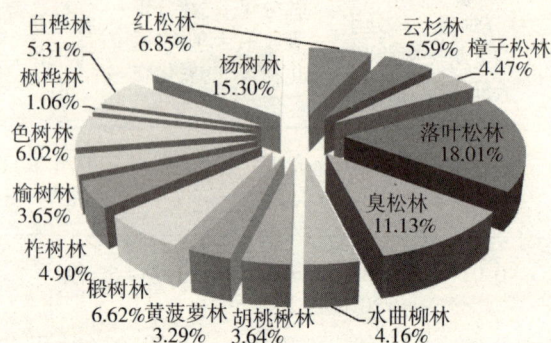

图 5 - 13　八个林业局净化大气环境服务总价值(除降低噪声价值)分析图

Figure 5 - 13　The total value analysis diagram of forest purifying atmospheric environment in the eight forest bureau(in addition to reduce noise value)

从图 5 - 13 可以看出,2008 年落叶松林的净化大气环境价值(除降低噪声价值)最高,为 211.06 亿元,占净化大气环境总价值(除降低噪声价值)的 18.01%;其次杨树为 179.21 亿元,占 15.30%;最少的枫桦林为 12.41 亿元,占 1.06%。

表 5 - 35　八个林业局净化大气环境服务总价值(除降低噪声价值)

Table 5 - 35　The total value of forest purifying atmospheric environment in the eight forest bureau(in addition to reduce noise value)

林业局	露水河	临江	白石山	红石	松江河	泉阳	三岔子	弯沟	总计
总计 (亿元)	141.07	226.29	149.28	146.58	130.10	82.26	203.14	29.31	1108.03

从表 5 - 35 的数据可以看出,2008 年八个林业局净化大气环境服务总价值(除降低噪声价值)为 1108.03 亿元,单位面积净化大气环境服务价值为 12.76 万元/hm^2。其中临江净化大气环境服务价值最大为 226.29 亿元,占净化大气环境服务总价值的 20.42%;仅次于临江的三岔子为 203.14 亿元,占 18.33%;最少的弯沟为 29.31 亿元,占 2.65%,具体如图 5 - 14 所示:

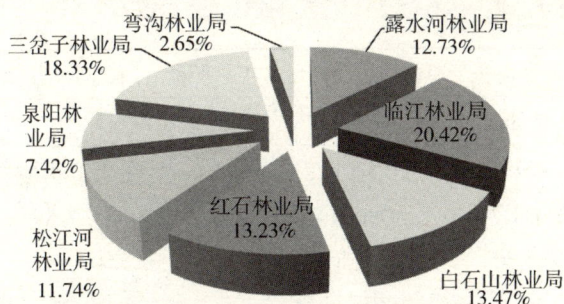

图 5 – 14　各林业局净化大气环境服务价值(除降低噪声价值)分析图

Figure 5 – 14　**Benefit analysis diagram of forest purifying atmospheric environment in different forest bureau**(**in addition to reduce noise value**)

最后,将公路绿化带的降低噪声价值 1.52 亿元与其他五方面的价值 1108.03 亿元合计,得到 2008 年吉林森工集团净化大气环境服务的总价值为 1109.55 亿元。

5.1.4　农田/草场防护服务

5.1.4.1　农作物平均年增产率

根据有关学者的研究成果,森林/草场防护带的存在间接可使农作物增产 5%～10%(侯元兆,2002),本研究取平均值,即由于森林/草场等防护带的存在使吉林森工集团域内农作物平均年增产率约为 7.5%。

5.1.4.2　农作物增产量

按照吉林省农业厅所提供的农作物播种面积、单位面积产量、各农作物的总产量的数据,结合农作物的年增产率,由第 3 章表 3 – 1 的公式计算出吉林森工集团 2008 年各农作物的年增产量如表 5 – 36 所示:

表 5 – 36　吉林森工集团 2008 年农作物播种面积、年总产量和年农作物增产量

Table 5 – 36　**Planting area,output and units increased in production of crops of Jilin forest industry group in 2008**

类别	播种面积	单位面积年产量	年总产量	农作物增产率	年增产量
	千 hm^2	kg. $hm^{-2} \cdot a^{-1}$	万 $t \cdot a^{-1}$	%	万 $t \cdot a^{-1}$
玉米	2922.5	7127.4	2083.0	7.5	156.2

续表

类别	播种面积	单位面积年产量	年总产量	农作物增产率	年增产量
	千 hm^2	kg. $hm^{-2} \cdot a^{-1}$	万 $t \cdot a^{-1}$	%	万 $t \cdot a^{-1}$
大豆	457.1	1982.1	90.6	7.5	6.8
水稻	658.7	8790.0	579.0	7.5	43.4
小麦	5.7	3140.1	1.8	7.5	0.1
油料	212.3	2441.6	51.8	7.5	3.9
糖类	7.1	34192.9	24.3	7.5	1.8
杂粮豆	142.8	1029.4	14.7	7.5	1.1
薯类(折粮)	93.0	3053.8	28.4	7.5	2.1
蔬菜	209.5	40945.2	857.8	7.5	64.3
水果	63.4	43201.9	273.9	7.5	20.5
其他作物	226.1	14206.1	321.2	7.5	24.1
合计	4998.2	–	4326.3	–	324.5

(1)农作物年平均价格

按照吉林省农牧局提供的农作物年总产量和年产值的数据,计算得到各类农作物的年平均价格,具体见表5–37。

(2)农作物年增产价值

根据上述吉林森工集团各类农作物的年平均价格,计算得到2008年吉林森工集团各类农作物的年增产价值如表5–37所示:

表5–37 吉林森工集团各类农作物的年增产价值

Table 5–37 Production value of all kinds of crops in Jilin forest industry group

类别	年总产量	年增产量	年产值	年平均价	年增产值
	万 $t \cdot a^{-1}$	万 $t \cdot a^{-1}$	万元 $\cdot a^{-1}$	元 $\cdot t^{-1}$	亿元 $\cdot a^{-1}$
玉米	2083.0	156.2	4499280.0	2160	33.7
大豆	90.6	6.8	289920.0	3200	2.2
水稻	579.0	43.4	984300.0	1700	7.4

续表

类别	年总产量	年增产量	年产值	年平均价	年增产值
	万 t·a^{-1}	万 t·a^{-1}	万元·a^{-1}	元·t^{-1}	亿元·a^{-1}
小麦	1.8	0.1	3780.0	2100	0.0
油料	51.8	3.9	233100.0	4500	1.8
糖类	24.3	1.8	60750.0	2500	0.5
杂粮豆	14.7	1.1	64680.0	4400	0.5
薯类(折粮)	28.4	2.1	48848.0	1720	0.4
蔬菜	857.8	64.3	943580.0	1100	7.1
水果	273.9	20.5	821700.0	3000	6.2
其他作物	321.2	24.1	108565.6	338	0.8
合计	4326.3	324.5	8058503.6	—	60.4

由表 5 - 37 和图 5 - 15 可以看出,2008 年吉林森工集团森林生态系统的防护总价值为 60.4 亿元,单位面积农田/草场防护服务价值为 0.70 万元/hm^2。其中玉米增产的产值最大为 33.7 亿元,占各类农作物年增产总价值的 55.86%;其次水稻为 7.4 亿元,占 12.21%;增产产值最少的小麦为 0.02 亿元,占 0.03%。这些农作物都与人类的日常生活紧密相关,说明森林生态系统不仅提供给人类良好的生活环境,还在一定程度上促进了经济发展,提高了人类的生活水准。

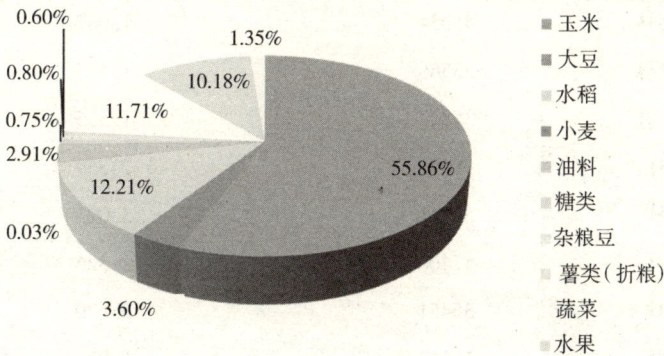

图 5 - 15 不同农作物的年增产价值

Figure 5 - 15 Annual production value of different crops

5.1.5 生物多样性保护服务

5.1.5.1 各森林类型的生物多样性指数

根据吉林森工集团的森林资源调查资料,计算得到各林业局不同森林类型的 Shannon—Wiener 多样性指数。

5.1.5.2 生物多样性保护服务实物量

森林生态系统能够提供生物多样性保护服务,实物量主要是由评价单元的整体多样性指数来反映。根据吉林森工集团各森林类型的面积和不同生物多样性指数,由表 3 − 1 的公式计算出 2008 年吉林森工集团的平均生物多样性指数如表 5 − 38 所示:

表 5 − 38　八个林业局不同森林类型的 Shannon—Wiener 多样性指数

Table 5 − 38　Shannon diversity index winner of different forest type in the eight forest bureau

森林类型	面积/hm²	Shannon—Wiener 多样性指数
红松林	112370	2.326
云杉林	37345	1.594
樟子松林	47842	3.314
落叶松林	104881	2.334
臭松林	53841	2.955
水曲柳林	45034	1.987
胡桃楸林	55366	1.595
黄菠萝林	35822	1.555
椴树林	38690	2.369
柞树林	51811	3.023
榆树林	57460	2.326
色树林	35451	3.670
枫桦林	13357	1.882
白桦林	31539	1.667

森林类型	面积/hm²	Shannon—Wiener 多样性指数
杨树林	217645	2.326
合计	938455	–
加权平均	–	2.358

(1)单位面积年物种损失机会成本

按照中华人民共和国有关林业行业标准的规定,单位面积年物种损失机会成本主要根据 Shannon—Wiener 指数划分为七级,其中生物多样性(H)取其中值如表 5 – 39 所示:

表 5 – 39　各级 H 值的年物种损失机会成本

Table 5 – 39　In species loss of opportunity cost in H value at all levels

生物多样性(H)	<1	1~2	2~3	3~4	4~5	5~6	>6
中值	0.5	1.5	2.5	3.5	4.5	5.5	6.5
机会成本(元·hm⁻²·a⁻¹)	3000	5000	10000	20000	30000	40000	50000

取生物多样性不同等级的中值,并按照不同等级生物多样性损失的年机会成本进行多项式模拟,得式(5 – 5):

$$S_{生} = -222.22 \times (H_{平均})^3 + 3107.1 \times (H_{平均})^2 - 3777.8 \times H_{平匀} + 4163.7$$

$$(5 – 5)$$

式中,$S_{生}$ – 单位面积年物种损失机会成本,元·hm⁻²·a⁻¹;H 平均 – 某地区平均多样性指数。在此,我们仅计算生物多样性的物种保育价值,并用物种损失的机会成本替代。单位面积年物种损失的机会成本模拟曲线如图 5 – 16 所示:

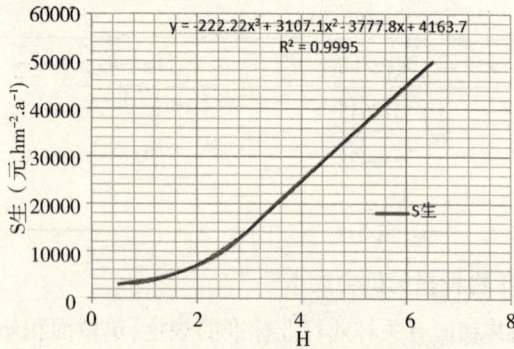

图 5 – 16　单位面积年物种损失的机会成本曲线

Figure 5 – 16　Opportunity cost curve of species loss per unit area each year

（2）生物多样性保护服务价值

按照第 3 章表 3 – 1 的公式，计算得到吉林森工集团不同森林类型的年物种损失机会成本如表 5 – 40 所示：

表 5 – 40　八个林业局不同森林类型的年物种损失的机会成本

Table 5 – 40　Opportunity cost of species loss of different forest type in the eight forest bureau each year

森林类型	面积	Shannon—Wiener 多样性指数	单位面积物种年保育价值	生物多样性保护年总价值
	hm^2	–	万元·hm^{-2}·a^{-1}	亿元·a^{-1}
红松林	112370	2.326	0.94	10.55
云杉林	37345	1.594	0.51	1.92
樟子松林	47842	3.314	1.77	8.46
落叶松林	104881	2.334	0.94	9.91
臭松林	53841	2.955	1.44	7.75
水曲柳林	45034	1.987	0.72	3.23
胡桃楸林	55366	1.595	0.51	2.85
黄菠萝林	35822	1.555	0.50	1.78
椴树林	38690	2.369	0.97	3.75

续表

森林类型	面积	Shannon—Wiener 多样性指数	单位面积物种 年保育价值	生物多样性 保护年总价值
	hm^2	—	万元·hm^{-2}·a^{-1}	亿元·a^{-1}
柞树林	51811	3.023	1.50	7.77
榆树林	57460	2.326	0.94	5.40
色树林	35451	3.670	2.12	7.50
枫桦林	13357	1.882	0.66	0.88
白桦林	31539	1.667	0.55	1.73
杨树林	217645	2.326	0.94	20.44
合计	938455	—		93.91

从以上数据可以看出,2008 年吉林森工集团森林生态系统的生物多样性保护年总价值为 93.91 亿元,单位面积生物多样性保护服务价值为 1.08 万元/hm^2。其中杨树林生物多样性保护年总价值最高,为 20.44 亿元,占吉林森工集团森林生态系统的生物多样性保护年总价值的 21.76%;其次红松为 10.55 亿元,占 11.24%;排第三的落叶松林为 9.91 亿元,占 10.55%;最少的枫桦林为 0.88 亿元,占 0.94%,具体如图 5 - 17 所示:

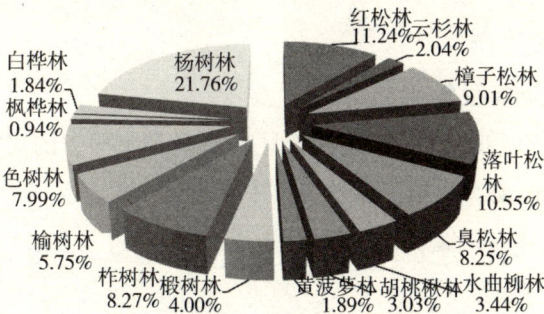

图 5 - 17　生物多样性保护服务年总价值图

Figure 5 - 17　Forest type analysis diagram of total value in forest species conservation

因此,由图 5 - 17 可以看出,2008 年单位面积森林物种年保育价值排第一的为色树林,为 21163.87 元·hm^{-2};其次樟子松林为 17680.10 元·hm^{-2};黄菠萝林单位面积物种年保育价值最低,为 4966.71 元·hm^{-2}。其中胡桃楸林和云杉林的年物种保育价值较接近,分别为 5140.94 元·hm^{-2}和 5136.51 元·hm^{-2};红松林、榆树林和杨树林年物种保育价值相同,为 9390.32 元·hm^{-2},具体如图 5 - 18 所示:

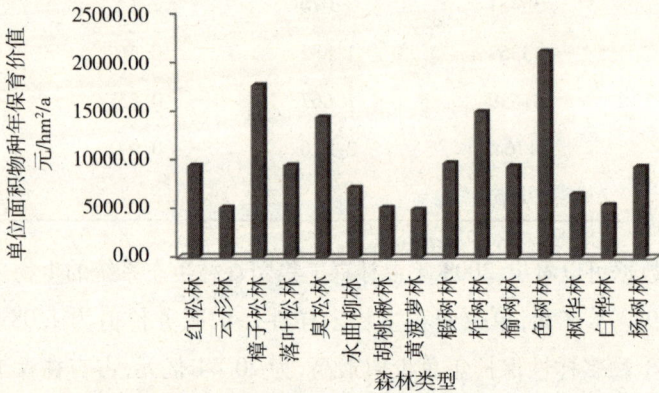

图 5 - 18　单位面积各森林类型物种年保育价值分析图

Figure 5 - 18　Analysis chart of Species conservation value at various forest types in the unit area

5.1.6 固碳制氧服务

森林生态系统能够提供固碳制氧的服务,固碳制氧服务的实物量评价主要包含森林植被固碳量、森林土壤固碳量和森林制氧量三部分。

5.1.6.1 森林固碳量

(1)森林净生产力

吉林森工集团八个林业局不同森林类型的单位面积年生产力在本章前面已经进行了详细的计算。

(2)CO_2 中的碳含量比例

按照所计算的森林净生产力,本研究根据《森林生态系统服务功能评估规范》

（LY/T1721 - 2008），CO_2 中的碳含量比例确定为 27.29%。

（3）单位面积森林土壤固碳量

根据吉林森工集团的实测数据和有关研究成果，计算出不同森林类型的单位面积土壤年固碳量，即土壤固碳速率。

（4）各森林类型的土壤和植被年固碳量

根据吉林森工集团不同森林单位面积年生产力、CO_2 中的碳含量比例，以及单位面积森林土壤年固碳量，由第 3 章表 3 - 1 的公式计算得到 2008 年吉林森工集团不同森林类型的土壤和植被年固碳量，具体如表 5 - 41 所示：

表 5 - 41　八个林业局不同森林类型的植被年固碳量和土壤年固碳量

Table 5 - 41　Fixed carbon content of vegetation and soil of different forest type in the eight forest bureau

森林类型	林分面积	林分净生产力	CO_2 中的碳含量	植被年固碳量	单位面积林分土壤年固碳量	土壤年固碳量	森林年固碳量	单位面积森林固碳量
	hm^2	$t \cdot hm^{-2} \cdot a^{-1}$	%	万 $t \cdot a^{-1}$	$t \cdot hm^{-2} \cdot a^{-1}$	万 $t \cdot a^{-1}$	万 $t \cdot a^{-1}$	$t \cdot hm^{-2} \cdot a^{-1}$
红松林	112370	0.08	27.29	0.004	0.479	5.388	5.392	0.480
云杉林	37345	0.01	27.29	0.000	0.634	2.367	2.367	0.634
樟子松林	47842	0.00	27.29	0.000	0.640	3.063	3.063	0.640
落叶松林	104881	0.09	27.29	0.004	0.459	4.819	4.823	0.460
臭松林	53841	0.00	27.29	0.000	0.651	3.503	3.503	0.651
水曲柳林	45034	0.03	27.29	0.001	0.489	2.200	2.201	0.489
胡桃楸林	55366	0.22	27.29	0.005	0.654	3.619	3.625	0.655
黄菠萝林	35822	0.08	27.29	0.001	0.653	2.341	2.342	0.654
椴树林	38690	0.00	27.29	0.000	0.566	2.190	2.190	0.566
柞树林	51811	0.00	27.29	0.000	0.566	2.930	2.930	0.566
榆树林	57460	0.00	27.29	0.000	0.543	3.118	3.118	0.543
色树林	35451	0.89	27.29	0.014	0.507	1.796	1.810	0.510
枫桦林	13357	0.00	27.29	0.000	0.438	0.585	0.585	0.438

森林类型	林分面积	林分净生产力	CO_2中的碳含量	植被年固碳量	单位面积林分土壤年固碳量	土壤年固碳量	森林年固碳量	单位面积森林固碳量
	hm^2	$t \cdot hm^{-2} \cdot a^{-1}$	%	万$t \cdot a^{-1}$	$t \cdot hm^{-2} \cdot a^{-1}$	万$t \cdot a^{-1}$	万$t \cdot a^{-1}$	$t \cdot hm^{-2} \cdot a^{-1}$
白桦林	31539	0.90	27.29	0.013	0.550	1.734	1.747	0.554
杨树林	217645	0.57	27.29	0.055	0.430	9.365	9.420	0.433
合计	938455	—	—	0.098	—	49.018	49.116	—
平均	—	—	—	0.007	—	3.268	3.274	—

5.1.6.2　森林制氧量

根据吉林森工集团八个林业局不同森林类型的面积和林分净生产力,由表3-1的公式计算得到2008年不同森林类型的制氧量如表5-42所示:

表5-42　八个林业局不同森林类型制氧量

Table 5-42　The amount of oxygen of different forest type in the eight forest bureau

森林类型	林分面积	林分净生产力	林分年制氧量	单位面积森林年制氧量
	hm^2	$t \cdot hm^{-2} \cdot a^{-1}$	万$t \cdot a^{-1}$	$t \cdot hm^{-2} \cdot a^{-1}$
红松林	112370	0.08	1.07	0.10
云杉林	37345	0.01	0.04	0.01
樟子松林	47842	0.00	0.00	0.00
落叶松林	104881	0.09	1.12	0.11
臭松林	53841	0.00	0.00	0.00
水曲柳林	45034	0.03	0.16	0.04
胡桃楸林	55366	0.22	1.45	0.26
黄菠萝林	35822	0.08	0.34	0.10
椴树林	38690	0.00	0.00	0.00
柞树林	51811	0.00	0.00	0.00
榆树林	57460	0.00	0.00	0.00

森林类型	林分面积	林分净生产力	林分年制氧量	单位面积森林年制氧量
	hm^2	$t \cdot hm^{-2} \cdot a^{-1}$	万 $t \cdot a^{-1}$	$t \cdot hm^{-2} \cdot a^{-1}$
色树林	35451	0.89	3.75	1.06
枫桦林	13357	0.00	0.00	0.00
白桦林	31539	0.90	3.38	1.07
杨树林	217645	0.57	14.76	0.68
合计	938455	–	26.08	
平均	62563.67	–	1.74	

5.1.6.3　森林固碳价值

同样,固碳制氧服务价值主要包括森林植被固碳价值、森林土壤固碳价值和森林制氧价值三方面。

（1）固碳价格

世界上最大的碳排放交易市场——欧洲碳排放交易体系(EU – ETS),简称ETS,在碳交易市场中具有很强的碳交易价格代表性。本研究的固碳价格即采用ETS市场交易的平均价格。

相关学者针对碳期货商品价格与煤炭期货市场的关系进行了研究:结果表明碳期货的商品价格与电价存在双向因果关系,与石油的价格不存在因果关系,而与天然气的价格存有显著的因果关系(赵静雯,2012);由于煤价格较天然气价格低,更多地被发电商们作为发电燃料,不可避免增加了更多的 CO_2 排放,导致2008年世界碳配额极度紧缺,增加了碳交易期货的合约价格,市场年平均交易价格为20欧元/t,折合人民币约192元/t[①]。

（2）植物和土壤固碳价值

根据ETS的碳交易价格,由表3 – 1的公式计算得到吉林森工集团不同森林类型植被年固碳价值和土壤年固碳价值如表5 – 43所示:

---

① 按2008年全国平均汇率,1 欧元 = 9.6 人民币元。因此,20 欧元/t 约为 192 元/t。

表 5 – 43 八个林业局不同森林类型植被年固碳价值和土壤年固碳价值

Table 5 – 43 Vegetation and soil carbon value of different forest type in the eight forest bureau

森林类型	林分面积	固碳价格	植被年固碳价值	土壤年固碳价值	森林年固碳价值	单位面积森林年固碳价值
	hm^2	元·t^{-1}	万元·a^{-1}	万元·a^{-1}	万元·a^{-1}	元·hm^2·a^{-1}
红松林	112370	192	0.77	1034.50	1035.26	92.13
云杉林	37345	192	0.00	454.46	454.46	121.69
樟子松林	47842	192	0.00	588.10	588.10	122.92
落叶松林	104881	192	0.77	925.25	926.02	88.29
臭松林	53841	192	0.00	672.58	672.58	124.92
水曲柳林	45034	192	0.19	422.40	422.59	93.84
胡桃楸林	55366	192	0.96	694.85	696.00	125.71
黄菠萝林	35822	192	0.19	449.47	449.66	125.53
椴树林	38690	192	0.00	420.48	420.48	108.68
柞树林	51811	192	0.00	562.56	562.56	108.58
榆树林	57460	192	0.00	598.66	598.66	104.19
色树林	35451	192	2.69	344.83	347.52	98.03
枫桦林	13357	192	0.00	112.32	112.32	84.09
白桦林	31539	192	2.50	332.93	335.42	106.35
杨树林	217645	192	10.56	1798.08	1808.64	83.10
合计	938455	–	18.62	9411.46	9430.27	100.49

5.1.6.4 森林制氧价值

(1)O₂ 价格

本研究主要按照工业钢铁冶炼用氧的平均价格计算,即按照我国平均的工业钢铁冶炼用氧价格 375 元/t 来计算。

(2)不同森林类型的制氧价值

根据 O₂ 价格,由第 3 章表 3 – 1 的公式计算得到吉林森工集团不同森林类型的制氧价值如表5-44所示：

表5-44 八个林业局不同森林类型制氧价值
Table 5-44 The value of the oxygen of different forest type in the eight forest bureau

森林类型	林分面积	O$_2$价格	林分年制氧价值	单位面积年制氧价值
	hm^2	元/t	万元·a^{-1}	元·hm^{-2}·a^{-1}
红松林	112370	375	401.3	35.7
云杉林	37345	375	15.0	4.0
樟子松林	47842	375	0.0	0.0
落叶松林	104881	375	420.0	40.0
臭松林	53841	375	0.0	0.0
水曲柳林	45034	375	60.0	13.3
胡桃楸林	55366	375	543.8	98.2
黄菠萝林	35822	375	127.5	35.6
椴树林	38690	375	0.0	0.0
柞树林	51811	375	0.0	0.0
榆树林	57460	375	0.0	0.0
色树林	35451	375	1406.3	396.7
枫桦林	13357	375	0.0	0.0
白桦林	31539	375	1267.5	401.9
杨树林	217645	375	5535.0	254.3
合计	938455	–	9776.3	104.2

5.1.6.5 固碳制氧服务价值

固碳制氧服务价值是森林固碳价值和森林制氧价值之和。由表3-1的公式计算得出吉林森工集团不同森林类型的固碳制氧价值如表5-45所示：

表 5 – 45　八个林业局不同森林类型固碳制氧价值

Table 5 – 45　Carbon sequestration and oxygen release value in different forest type in the eight forest bureau

森林类型	植被年固碳价值	土壤年固碳价值	森林年固碳价值	林分年制氧价值	林分年固碳制氧总价值	单位面积林分年固碳制氧总价值
	亿元·a⁻¹	亿元·a⁻¹	亿元·a⁻¹	亿元·a⁻¹	亿元·a⁻¹	万元·hm⁻²·a⁻¹
红松林	0.00	0.10	0.10	0.04	0.14	0.01
云杉林	0.00	0.05	0.05	0.00	0.05	0.01
樟子松林	0.00	0.06	0.06	0.00	0.06	0.01
落叶松林	0.00	0.09	0.09	0.04	0.13	0.01
臭松林	0.00	0.07	0.07	0.00	0.07	0.01
水曲柳林	0.00	0.04	0.04	0.00	0.05	0.01
胡桃楸林	0.00	0.07	0.07	0.05	0.12	0.02
黄菠萝林	0.00	0.04	0.04	0.01	0.06	0.02
椴树林	0.00	0.04	0.04	0.00	0.04	0.01
柞树林	0.00	0.06	0.06	0.00	0.06	0.01
榆树林	0.00	0.06	0.06	0.00	0.06	0.01
色树林	0.00	0.03	0.03	0.14	0.18	0.05
枫桦林	0.00	0.01	0.01	0.00	0.01	0.01
白桦林	0.00	0.03	0.03	0.13	0.16	0.05
杨树林	0.00	0.18	0.18	0.55	0.73	0.03
合计	0.00	0.94	0.94	0.98	1.92	0.02

　　从以上计算结果可以看出,2008 年吉林森工集团森林生态系统固碳制氧总价值为 1.92 亿元,单位面积固碳制氧价值为 0.02 万元/hm²。其中杨树的固碳制氧价值最高,为 0.73 亿元,占吉林森工集团森林生态系统固碳制氧总价值的38.24%;其次为色树,为 0.18 亿元,占 9.13%;最少的枫桦为 0.01 亿元,占0.58%,具体如图 5 – 19 所示:

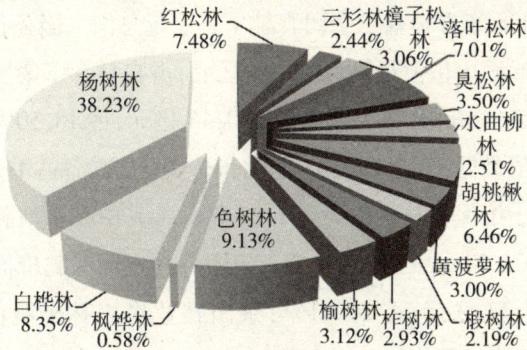

图 5 – 19　各森林类型固碳制氧总价值分析图

Figure 5 – 19　Analysis chart of total value of carbon sequestration relea-
sing oxygen in different forest type

5.1.7　结果分析

根据 2008 年吉林森工集团森林生态系统服务价值的核算结果,我们可以
看出:

(1)涵养水源

2008 年,吉林森工集团森林生态系统涵养水源服务价值为 89.65 亿元。其中
临江林业局涵养水源服务价值最大,为 22.05 亿元,占吉林森工集团森林生态系
统涵养水源服务价值的 24.60%;其次三岔子林业局为 15.44 亿元,占 17.23%;弯
沟林业局最小,为 1.92 亿元,占 2.14%。由此可见,不同森林植被类型涵养水源
价值与林分面积关系密切,临江林业局的林分面积最大,涵养水源服务价值也最
大,弯沟林业局最小,因此其价值也最小。

(2)保育土壤

2008 年,吉林森工集团森林生态系统保育土壤服务价值为 203.57 亿元。
其中露水河林业局保育土壤服务价值最高,为 110.51 亿元,占吉林森工集团不
同森林类型保育土壤总价值的 54.29%;其次临江林业局为 40.69 亿元,占
19.99%;泉阳和松江河林业局最低,分别为 2.58 亿元和 3.19 亿元,各占
1.27% 和 1.57%。

具体来讲,2008 年吉林森工集团森林生态系统总固土服务价值为 2.31 亿元。其中露水河林业局固土价值最高,为 1.27 亿元,占吉林森工集团森林生态系统固土总价值的 54.95%。其次临江林业局为 0.43 亿元,占 18.50%。泉阳和松江河林业局的固土价值最低,分别为 0.03 亿元和 0.04 亿元,各占 1.20%和 1.62%;吉林森工集团森林土壤保肥总价值为 201.27 亿元。其中露水河林业局森林土壤保肥价值最高,为 109.24 亿元,占吉林森工集团森林土壤保肥价值的 54.28%;其次临江林业局为 40.27 亿元,占 20.01%;泉阳林业局森林土壤保肥价值最低,为 2.55 亿元,约占土壤保肥价值的 1.27%。

(3)净化大气环境

2008 年,吉林森工集团森林生态系统净化大气环境服务总价值为 1109.55 亿元。其中,除公路绿化带降低噪声价值 1.52 亿元·a^{-1}外,其余五方面价值之和为 1108.03 亿元。在五方面净化大气环境总价值中,以临江林业局净化大气环境服务价值最大,为 226.29 亿元,占净化大气环境服务总价值的 20.42%;仅次于临江的三岔子林业局净化大气环境服务价值为 203.14 亿元,占净化大气环境总价值的 18.33%;最少的弯沟林业局为 29.31 亿元,占净化大气环境总价值的 2.65%。

具体分项目来讲,2008 年吉林森工集团提供负离子总价值为 0.27 亿元。其中临江林业局提供负离子总价值最多,为 0.07 亿元,占吉林森工集团森林生态系统年提供负离子价值的 25.28%;三岔子林业局次之,为 0.05 亿元,占总价值的 16.58%;最少的弯沟林业局,为 0.01 亿元,占总价值的 2.22%。

吉林森工集团森林年吸收污染物和滞尘价值为 1107.75 亿元。其中临江林业局森林年吸收污染物和滞尘价值最高,为 226.21 亿元,占吉林森工集团森林年吸收污染物和滞尘总价值的 20.42%;其次三岔子林业局为 203.09 亿元,占 18.33%;最少的弯沟林业局为 29.30 亿元,占 2.64%。

吉林森工集团所有公路绿化带的降低噪声价值为 1.52 亿元。红石和三岔子林业局公路绿林带降低噪声价值较高,分别为 0.63 亿元和 0.40 亿元,各占总价值的 41.64%和 26.43%;最低的泉阳林业局公路绿化带降低噪声价值为 0.02 亿元,占总价值的 1.63%。

（4）农田/草场防护

2008 年,吉林森工集团农田/草场防护服务总价值为 60.4 亿元。其中玉米增产产值最大,为 33.7 亿元,占吉林森工集团各类农作物的年增产总价值的 55.86%;其次水稻为 7.4 亿元,占 12.21%;增产产值最少的小麦为 0.02 亿元,占农田/草场防护价值的 0.03%。

（5）生物多样性保护

吉林森工集团生物多样性保护服务总价值为 93.91 亿元。其中杨树生物多样性保护服务总价值最高,为 20.44 亿元,占吉林森工集团生物多样性保护服务总价值的 21.76%;其次红松为 10.55 亿元,占 11.24%;排第三的落叶松为 9.91 亿元,占 10.55%;最少的枫桦为 0.88 亿元,占 0.94%。

单位面积生物多样性保护服务价值排第一的色树为 21163.87 元 · hm^{-2};其次樟子松为 17680.10 元 · hm^{-2};最低的黄菠萝林为 4966.71 元 · hm^{-2}。其中胡桃楸和云杉价值较接近,分别为 5140.94 元 · hm^{-2}、5136.51 元 · hm^{-2};红松、榆树和杨树价值相等,为 9390.32 元 · hm^{-2}。

（6）固碳制氧

2008 年吉林森工集团固碳制氧服务总价值为 1.92 亿元。其中杨树的固碳制氧服务价值最高,为 0.73 亿元,占吉林森工集团固碳制氧服务总价值的 38.24%;其次色树为 0.18 亿元,占 9.13%;最少的枫桦为 0.01 亿元,占 0.58%。

2008 年吉林森工集团的森林生态系统服务价值汇总结果如表 5－46 所示:

表 5－46　2008 年吉林森工集团森林生态服务总价值

Table 5－46　Forest ecological benefit value of Jilin forest industry group in 2008

评价内容	森工年价值 （亿元/a）	森工森林总面积 （hm^2）	单位面积价值 （万元/hm^2/a）
涵养水源	89.65	1203704	0.74
保育土壤	203.57	1203704	1.69
净化大气环境	1109.55	1203704	9.22
农田/草场防护	60.40	1203704	0.50
生物多样性保护	93.91	1203704	0.78

评价内容	森工年价值 （亿元/a）	森工森林总面积 （hm²）	单位面积价值 （万元/hm²/a）
固碳制氧	1.92	1203704	0.02
总价值	1559.00	—	—

从以上数据可以看出,2008 年吉林森工集团森林生态系统服务总价值为 1559 亿元,森林生态系统服务不同价值占总价值比重如图 5 - 20 所示:

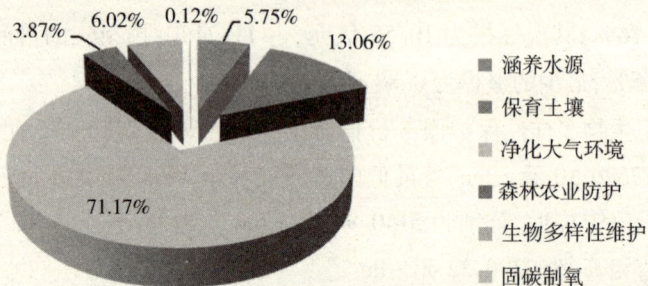

图 5 - 20　森林生态系统各服务价值分析图

Figure 5 - 20　Value analysis diagram of forest ecological system services

由图 5 - 20 可以看出,2008 年吉林森工集团森林生态系统服务价值最高的为净化大气环境服务,价值为 1109.55 亿元,占吉林森工集团森林生态系统服务总价值的 71.17%;其次为保育土壤服务,价值为 203.57 亿元,占 13.06%;最小的为固碳制氧服务,价值为 1.92 亿元,占 0.12%。

5.2　第八次森林资源清查(2009—2013 年)评价

5.2.1　涵养水源服务

同理,根据第八次森林资源清查资料,由第 3 章表 3 - 1 的公式计算出 2013 年吉林森工集团不同森林类型的各月及全年的涵养水源服务量如表 5 - 47 所示:

表5−47 2013年八个林业局总的涵养水源服务量(万 m³)

Table 5−47 The amount of forest water conservation in the eight forest
bureau in 2013(ten thousand m³)

林业局	森林面积	年涵养水源量
	hm²	万 m³·a⁻¹
露水河	119224	31195. 05
临江	212816	56875. 25
白石山	120656	25776. 06
红石	255064	60724. 17
松江河	154436	40479. 44
泉阳	94445	25777. 62
三岔子	206785	45366. 89
弯沟	78505	19586. 90
总计	1241931	305781. 36

从以上数据可以看出,2013 年吉林森工集团提供的森林涵养水源实物量为 305781. 36 万 m³。

2013 年,吉林省的城市自来水价格为 3. 2 元/t,整个自来水公司的平均利润率为 19%,税率为 6%,求得 2013 年吉林森工集团森林蓄水水量的价格为 1. 28 元/m³。采用吉林省城市居民自来水平均价格作为森林净化水质的价格,进而求得森林生态系统年净化水质的价值。因此,与上述计算森林涵养水源的水价格内容相同,最后,通过供水量加权平均计算得出吉林森工集团 2013 年供水的平均价格为 3. 29 元/t。

分别计算吉林森工集团各林业局年森林调节水量价值、森林净化水质的价值,最后,计算 2013 年森林涵养水源服务的总价值如表 5−48 所示:

表 5 - 48 八个林业局 2013 年涵养水源服务总价值

Table 5 - 48 The forest water conservation value of the eight forest bureau in 2013

林业局	林分面积(hm²)	调节水量价值(亿元)	净化水质价值(亿元)	涵养水源总价值(亿元)	单位面积涵养水源价值(万元·hm⁻²)
露水河	119224	4.10	12.45	16.55	1.39
临江	212816	7.47	22.70	30.16	1.42
白石山	120656	3.39	10.28	13.67	1.13
红石	255064	7.98	24.24	32.22	1.26
松江河	154436	5.31	16.16	21.47	1.39
泉阳	94445	3.39	10.28	13.67	1.45
三岔子	206785	5.96	18.11	24.07	1.16
弯沟	78505	2.57	7.83	10.40	1.32
合计	1241931	40.16	122.05	162.21	1.31

从以上数据可以看出,2013 年吉林森工集团森林涵养水源价值为 162.21 亿元,单位面积涵养水源服务价值为 1.31 万元/hm²。其中红石林业局涵养水源服务价值最大,为 32.22 亿元,占吉林森工集团森林涵养水源总价值的 19.86%;其次临江林业局为 30.16 亿元,占 18.6%;弯沟林业局最小,为 10.4 亿元,占 6.41%,各林业局涵养水源服务价值占吉林森工集团涵养水源总服务价值的比重如图 5 - 21 所示:

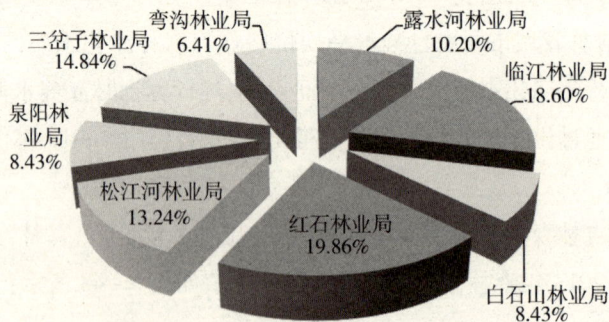

图 5 - 21 各林业局涵养水源服务价值图

Figure 5 - 21 Analysis chart of forest water conservation value in different forest bureau

5.2.2 保育土壤服务

同理,计算的 2013 年各林业局森林固土量和土壤保肥量如表 5 - 49 和表 5 - 50 所示:

表 5 - 49 八个林业局不同优势树种森林年固土量

Table 5 - 49 Solid soil mass each year of different forest type in the eight forest bureau

林业局	森林面积	森林年固土量	森林年固土量
	hm^2	万 $t \cdot a^{-1}$	万 $m^3 \cdot a^{-1}$
露水河	119224	6138.61	4934.38
临江	212816	2082.69	1631.81
白石山	120656	814.25	640.40
红石	255064	2481.84	1992.16
松江河	154436	270.76	210.36
泉阳	94445	165.66	127.16
三岔子	206785	362.53	284.58
弯沟	78505	137.57	108.98
总计	1241931	12453.91	9929.83

从以上数据可以看出,2013 年八个林业局的森林年固土量为 12453.91 万 t,约为 9929.83 万 m^3。

2013 年吉林森工集团八个林业局森林土壤年保肥量如表 5 - 50 所示:

表 5 - 50 八个林业局总的森林土壤的 N、P、K、有机质含量(t)

Table 5 - 50 The quantity of N,P,K and organic matter in soil of different forest type in the eight forest bureau (t)

林业局	年保氮量	年保磷量	年保钾量	年保有机质量	总计
露水河	63207.6	68938.1	1416924.1	1300806.5	2849876.3
临江	23190.3	24668.2	531669.9	359178.6	938707.0
白石山	8985.7	10032.7	206752.7	134861.8	360632.9

林业局	年保氮量	年保磷量	年保钾量	年保有机质量	总计
红石	23714.8	25222.9	486956.7	454098.5	989992.9
松江河	3193.4	2442.3	60838.3	65500.3	131974.3
泉阳	2021.1	1519.4	39300.3	38575.3	81416.1
三岔子	4250.3	4221	87293	68183.2	163947.5
弯沟	1616.6	1457.2	29790.6	33183.2	66047.6
总计	130179.8	138501.8	2859525.6	2454387.4	5582594.6

从以上数据可以看出,2013 年吉林森工集团八个林业局总的森林土壤的 N、P、K、有机质含量,即森林土壤保肥量为 558.3 万 t。

2013 年,吉林森工集团森林固土价值计算如表 5-51 所示:

表 5-51　八个林业局不同森林类型的年固土价值

Table 5-51　Solid earth value of different forest type in the eight forest bureau every year

林业局	林分面积(hm²)	林分年固土量(t)	林地土壤容重(t·m⁻³)	挖土方费用(元·m⁻³)	林分年固土价值(万元)	单位面积林分年固土价值(元·hm⁻²)
露水河	119223.5869	61386100	1.40	3.15	13811.87	1158.48
临江	212816.2608	20826900	1.40	3.15	4686.05	220.19
白石山	120655.8162	8142500	1.40	3.15	1832.06	151.84
红石	255064.4869	24818400	1.40	3.15	5584.14	218.93
松江河	154436.0372	2707600	1.40	3.15	609.21	39.45
泉阳	94445.25139	1656600	1.40	3.15	372.74	39.47
三岔子	206784.5144	3625300	1.40	3.15	815.69	39.45
弯沟	78504.94677	1375700	1.40	3.15	309.53	39.43
总计	1241930.901	124539100	–	–	28021.30	225.63

注:根据吉林省林业厅提供的资料,土壤平均容重按 1.40t/m³ 计算。

从以上数据可以看出,2013 年吉林森工集团森林总固土价值为 2.80 亿元。其中露水河林业局固土价值最高,为 1.38 亿元,占吉林森工集团森林固土总价值的 49.29%；其次红石林业局为 0.56 亿元，占 19.93%。弯沟和泉阳林业局的固土价值最低，分别为 0.03 亿元和 0.04 亿元，分别占 1.10% 和 1.33%。这主要与露水河林业局林分面积较大，而弯沟和泉阳林业局的林分面积较小有关，各林业局固土价值占吉林森工集团总固土价值的比重如图 5 - 22 所示：

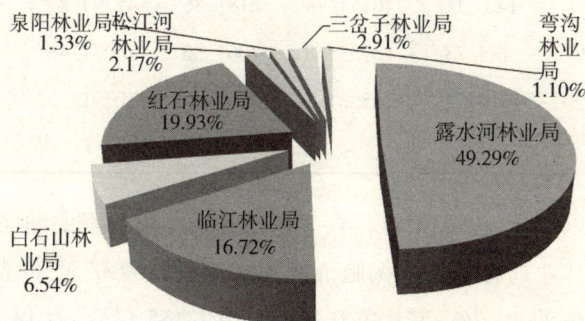

图 5 - 22　各林业局森林固土总价值图

Figure 5 - 22　Total value analysis diagram of forest soil in different forest bureau

2013 年，吉林森工集团不同林业局森林土壤保肥价值的计算如表 5 - 52 所示：

表 5 - 52　八个林业局森林土壤保肥价值

Table 5 - 52　Soil fertilier value of eight forest bureau

林业局	年保氮价值（万元·a^{-1}）	年保磷价值（万元·a^{-1}）	年保钾价值（万元·a^{-1}）	年保有机质价值（万元·a^{-1}）	年保肥价值（万元·a^{-1}）	单位面积年保肥价值（万元·hm^{-2}·a^{-1}）
露水河	30504.54	22979.37	651785.09	41625.81	746894.80	6.26
临江	11191.84	8222.73	244568.15	11493.72	275476.44	1.29
白石山	4336.58	3344.23	95106.24	4315.58	107102.63	0.89
红石	11444.97	8407.63	224000.08	14531.15	258383.84	1.01
松江河	1541.16	814.10	27985.62	2096.01	32436.89	0.21
泉阳	975.40	506.47	18078.14	1234.41	20794.41	0.22

林业局	年保氮价值 （万元·a^{-1}）	年保磷价值 （万元·a^{-1}）	年保钾价值 （万元·a^{-1}）	年保有机质 价值（万元· a^{-1}）	年保肥价值 （万元·a^{-1}）	单位面积年 保肥价值 （万元·hm^{-2}· a^{-1}）
三岔子	2051.23	1407.00	40154.78	2181.86	45794.87	0.22
弯沟	780.19	485.73	13703.68	1061.86	16031.46	0.20
合计	62825.90	46167.27	1315381.78	78540.40	1502915.34	1.21
平均	—	—	—	—	—	0.15

从以上数据可以看出,2013 年吉林森工集团森林土壤保肥总价值为 150.29 亿元。其中露水河林业局森林土壤保肥价值最高,为 74.69 亿元,占吉林森工集团森林土壤保肥价值的 49.7%;其次临江林业局为 27.55 亿元,占 18.33%;弯沟林业局最低,为 1.60 亿元,占 1.07%。各林业局森林土壤保肥价值占吉林森工集团森林土壤保肥价值的比重如图 5 – 23 所示:

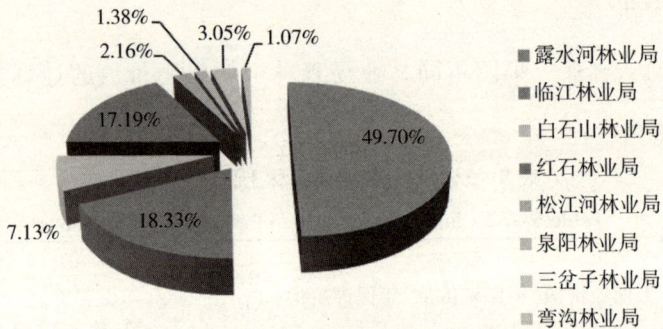

图 5 – 23　吉林森工集团森林保肥价值图

Figure 5 – 23　Analysis chart of soil fertilier value in Jilin forest industry group

合并森林固土和土壤保肥两项价值,可得 2013 年吉林森工集团森林保育土壤总价值为 153.09 亿元,单位面积保育土壤价值为 1.23 万元/hm^2。具体如表 5 – 53 所示:

表5－53　八个林业局森林保育土壤价值

Table 5－53　Soil conservation value of eight forest bureau

林业局	年固土价值（万元·a^{-1}）	年保肥价值（万元·a^{-1}）	年保育土壤总价值（万元·a^{-1}）	年保育土壤总价值（亿元·a^{-1}）	单位面积年保育土壤价值（万元·hm^{-2}·a^{-1}）
露水河	13811.87	746894.80	760706.67	76.07	6.38
临江	4686.05	275476.44	280162.49	28.02	1.32
白石山	1832.06	107102.63	108934.69	10.89	0.90
红石	5584.14	258383.84	263967.98	26.40	1.03
松江河	609.21	32436.89	33046.10	3.30	0.21
泉阳	372.74	20794.41	21167.15	2.12	0.22
三岔子	815.69	45794.87	46610.56	4.66	0.23
弯沟	309.53	16031.46	16340.99	1.63	0.21
合计	28021.30	1502915.34	1530936.64	153.09	1.23
平均	－	－	－	－	0.15

因此，从以上计算结果可以看出，2013年露水河林业局保育土壤价值最高，为76.07亿元，占吉林森工集团保育土壤价值的49.69%；其次临江林业局为28.02亿元，占18.30%；弯沟和泉阳林业局保育土壤价值最低，分别为1.63亿元和2.12亿元，各占1.07%和1.38%，各林业局保育土壤服务价值占吉林森工集团保育土壤价值的比重如图5－24所示：

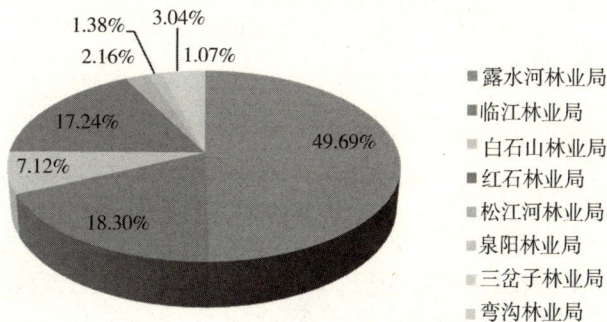

图5－24　各林业局保育土壤总价值图

Figure 5－24　Analysis chart of Forest soil conservation value in different forest bureau

5.2.3 净化大气环境服务

2013 年吉林森工集团不同森林类型年提供的负离子数量计算如表 5 – 54 所示：

表5 – 54 八个林业局不同森林类型年提供的负离子数量

Table 5 – 54 Provided number of negative ions by the forest of different forest type in the eight forest bureau each year

森林类型	森林面积	林分负离子量浓度	森林平均高度	森林年提供负离子数	森林年提供负离子数
	hm^2	个·cm^{-3}	m	个·a^{-1}	1023 个·a^{-1}
红松林	141158	1630	44.4	1.41E + 24	14.14
云杉林	49030	1803	38.6	6.98E + 23	6.98
樟子松林	63326	1785	15.1	2.98E + 23	2.98
落叶松林	171313	1977	36.3	2.25E + 24	22.50
臭松林	89403	1649	9.0	2.22E + 23	2.22
水曲柳林	75133	1608	18.8	3.12E + 23	3.12
胡桃楸林	96390	1682	19.2	4.39E + 23	4.39
黄菠萝林	43664	1583	19.7	2.59E + 23	2.59
椴树林	52384	1630	10.8	1.28E + 23	1.28
柞树林	79700	1803	10.9	2.75E + 23	2.75
榆树林	75642	1785	20.3	2.39E + 23	2.39
色树林	62249	1977	18.1	3.4E + 23	3.40
枫桦林	16400	1649	11.8	4.45E + 22	0.44
白桦林	57045	1608	23.9	3.61E + 23	3.61
杨树林	169095	1682	29.4	7.07E + 23	7.07
合计	1241931	–	–	7.98E + 24	79.85
平均	–	–	21.8	–	–

2013年,吉林森工集团不同森林类型吸收污染物及滞尘能力计算如表5-55所示:

表5-55 吉林森工集团不同森林类型吸收污染物及滞尘能力计算表

Table 5-55 The ability to absorb pollutants and dust of different forest type in Jilin forest industry group

森林类型	单位面积林分年吸收 SO_2 量	单位面积林分年吸收氟化物量	单位面积林分年吸收氮氧化物量	单位面积林分年滞尘量
	$kg \cdot hm^{-2} \cdot a^{-1}$	$kg \cdot hm^{-2} \cdot a^{-1}$	$kg \cdot hm^{-2} \cdot a^{-1}$	$kg \cdot hm^{-2} \cdot a^{-1}$
红松林	118.1	2.8	6.0	10430.1
云杉林	128.9	3.7	6.0	18969.1
樟子松林	97.6	3.5	6.0	13758.8
落叶松林	105.6	3.6	6.0	25935.6
臭松林	129.5	3.3	6.0	31224.2
水曲柳林	91.7	4.4	6.0	16526.9
胡桃楸林	151.3	3.9	6.0	11075.8
黄菠萝林	108.9	4.4	6.0	11389.5
椴树林	113.0	3.9	6.0	31141.2
柞树林	149.5	2.7	6.0	13547.1
榆树林	149.9	3.7	6.0	18608.3
色树林	151.2	4.6	6.0	30545.5
枫桦林	105.6	3.9	6.0	13983.1
白桦林	142.1	3.4	6.0	25106.2
杨树林	133.0	2.7	6.0	20848.3
合计	1876.0	54.6	90.0	293089.5

根据不同森林类型的面积,由表3-1的公式计算的森林吸收 SO_2、氟化物、氮氧化物和滞尘量如表5-56所示:

表 5 - 56　八个林业局不同森林类型年吸收 SO_2 量、氟化物量、氮氧化物量和滞尘量

Table 5 - 56　The amount of Sulfur dioxide,fluoride,hydroxyl and dust be absorbed of different forest type in the eight forest bureau

森林类型	林分面积	林分年吸收 SO_2 量	林分年吸收氟化物量	林分年吸收氮氧化物量	林分年滞尘量
	hm^2	万 $t \cdot a^{-1}$	万 $t \cdot a^{-1}$	万 $t \cdot a^{-1}$	万 $t \cdot a^{-1}$
红松林	141158	69.5	1.6	3.5	6134.5
云杉林	49030	36.9	1.1	1.7	5425.4
樟子松林	63326	30.9	1.1	1.9	4356.4
落叶松林	171313	90.5	3.1	5.1	22215.5
臭松林	89403	57.9	1.5	2.7	13957.7
水曲柳林	75133	28.7	1.4	1.9	5173.8
胡桃楸林	96390	60.8	1.6	2.4	4448.3
黄菠萝林	43664	27.7	1.1	1.5	2901.0
椴树林	52384	24.7	0.9	1.3	6797.0
柞树林	79700	59.6	1.1	2.4	5398.5
榆树林	75642	28.3	0.7	1.1	3518.9
色树林	62249	39.2	1.2	1.6	7922.6
枫桦林	16400	7.2	0.3	0.4	955.5
白桦林	57045	40.5	1.0	1.7	7160.9
杨树林	169095	56.2	1.1	2.5	8813.4
合计	1241931	658.6	18.6	31.8	105179.5

　　根据吉林省林业厅提供的有关资料,吉林森工集团公路两侧的声屏障平均隔音效果为8.9dB,林带降噪的当量宽度(D_0)为98.09m。因此,计算得到吉林森工集团不同等级公路的单侧绿化长宽度如表5-57、表5-58所示:

表5－57　吉林森工集团公路单侧绿化带长度、宽度及面积

Table 5－57　Length,width and area of Unilateral road green belts in Jilin forest industry group

林业局	单侧绿化带宽度(m)	公路里程(km)	单侧绿化带长度(m)	公路数量(条、段)	绿化率%	面积(hm²)
露水河	10	899.3	908.2	26	56.1	1036.7
临江	11	792.1	940.4	104	69.3	1180.9
白石山	12	522.6	791.3	80	82.1	1084.0
红石	13	1068.0	1509.4	73	75.2	2239.9
松江河	15	796.8	965.3	75	68.4	1652.9
泉阳	16	546.9	662.6	63	71.5	1210.2
三岔子	20	1073.3	1300.2	79	62.4	2968.5
弯沟	21	869.4	1141.0	72	52.9	2735.1
合计	－	6568.5	8218.5	573	－	14108.1

表5－58　吉林森工集团各公路类别(等级)的林带降低噪音当量长度

Table 5－58　Forest reduce noise equivalent length of each road category (level) in Jilin forest industry group

林业局	单侧绿化宽度(m)	公路里程(km)	单侧绿化长度(km)	公路数量(条、段)	绿化率%	面积(hm²)	林带当量长度(m)
露水河	10	899.3	9.1	26	56.1	1036.7	24120.7
临江	11	792.1	9.4	104	69.3	1180.9	109629.9
白石山	12	522.6	7.9	80	82.1	1084.0	77316.7
红石	13	1068.0	15.1	73	75.2	2239.9	146089.3
松江河	15	796.8	9.7	75	68.4	1652.9	111249.9
泉阳	16	546.9	6.6	63	71.5	1210.2	67823.4
三岔子	20	1073.3	13.0	79	62.4	2968.5	209399.5
弯沟	21	869.4	11.4	72	52.9	2735.1	175724.3
合计	－	6568.5	82.2	573	－	14108.1	921353.9

同样,根据吉林省物价局网站提供的资料,2013 年吉林省居民正常生活用电价格为 0.515 元/度。计算的吉林森工集团不同森林类型提供的负离子数、负离子生产费用如下:

$$负离子生产费用(元/个) = \frac{负离子发生器年使用费(元/a) + 年电费(元/a)}{年生产负离子数量(个/a)}$$

$$= \frac{\frac{65}{10}0.515 \times (24 \times 365 \times \frac{6}{1000})}{1000000 \times 30 \times 3 \times 100^3 \times \frac{60 \times 24 \times 365}{10}} 7.096 \times 10^{-18}$$

进而计算得到负离子生产费用为 7.096×10^{-18} 元/个。

因此,2013 年吉林森工集团不同森林类型提供的负离子价值如表 5 – 59 所示:

表 5 – 59　八个林业局森林年提供的负离子价值量

Table 5 – 59　Anion value of forests provide in the eight forest bureau every year

森林类型	林分面积 （hm²）	林分年提供 负离子价值 （元·a⁻¹）	林分年提供 负离子价值 （万元·a⁻¹）	单位面积年 提供负离子 价值(元·hm⁻²·a⁻¹)
红松林	141158	10033744.00	1003.37	89.29
云杉林	49030	4953008.00	495.30	132.63
樟子松林	63326	2114608.00	211.46	44.20
落叶松林	171313	15966000.00	1596.60	152.23
臭松林	89403	1575312.00	157.53	29.26
水曲柳林	75133	2213952.00	221.40	49.16
胡桃楸林	96390	3115144.00	311.51	56.26
黄菠萝林	43664	1837864.00	183.79	51.31
椴树林	52384	908288.00	90.83	23.48
柞树林	79700	1951400.00	195.14	37.66
榆树林	75642	1695944.00	169.59	29.52
色树林	62249	2412640.00	241.26	68.06

森林类型	林分面积（hm²）	林分年提供负离子价值（元·a⁻¹）	林分年提供负离子价值（万元·a⁻¹）	单位面积年提供负离子价值（元·hm⁻²·a⁻¹）
枫桦林	16400	312224.00	31.22	23.37
白桦林	57045	2561656.00	256.17	81.22
杨树林	169095	5016872.00	501.69	23.05
合计	1241931	56668656.00	5666.87	60.39
平均	—	—	—	4.03

从以上数据可以看出,2013 年吉林森工集团落叶松提供的负离子价值最高,为 0.16 亿元,占吉林森工集团森林提供负离子价值的 28.17%;其次红松林为 0.1亿元,占 17.71%;价值较低的为枫桦林和椴树林,分别占 0.55% 和 1.6%。不同森林类型提供负离子价值占吉林森工集团提供负离子总价值的比重如图 5 – 25所示:

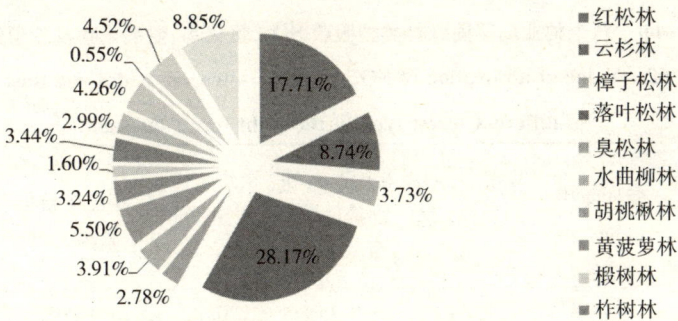

图 5 – 25　各森林类型年提供的负离子价值量图

Figure 5 – 25　Analysis chart to provide negative ion value of various forest types each year

因此,从表 5 – 59 的数据可以看出,2013 年吉林森工集团提供负离子总价值为 0.57 亿元。其中红石和临江林业局提供负离子总价值相同,为 0.11 亿元,占吉林森工集团森林年提供负离子价值的 19.3%;三岔子林业局次之,为 0.09 亿元,占 15.79%;弯沟林业局提供负离子总价值最少,为 0.04 亿元,占 7.02%,各林业局提供负离子价值占吉林森工集团提供负离子价值的比重如图 5 – 26 所示:

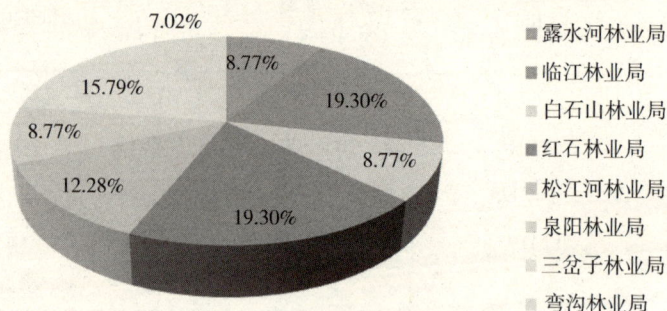

图 5 – 26　各林业局森林年提供的负离子价值量图

Figure 5 – 26　Analysis chart to provide negative ion value of various forest bureau each year

　　进一步计算的吉林森工集团不同森林类型吸收 SO$_2$、氟化物、氮氧化物和滞尘的价值如表 5 –60 所示:

表 5 – 60　八个林业局不同森林类型吸收 SO$_2$、氟化物、氮氧化物及除尘价值

Table 5 – 60　Value of absorption of SO$_2$, fluoride, nitrogen oxides and dust removal of different forest type in the eight forest bureau

森林类型	森林面积（hm^2）	年吸收 SO$_2$ 总价值（亿元·a^{-1}）	年吸收氟化物价值（亿元·a^{-1}）	年吸收氮氧化物价值（亿元·a^{-1}）	年滞尘价值（亿元·a^{-1}）	合计（亿元·a^{-1}）
红松林	141158	8.34	0.11	0.22	92.02	100.69
云杉林	49030	4.43	0.08	0.11	81.38	85.99
樟子松林	63326	3.71	0.08	0.12	65.35	69.25
落叶松林	171313	10.86	0.21	0.32	333.23	344.63
臭松林	89403	6.95	0.10	0.17	209.37	216.59
水曲柳林	75133	3.44	0.10	0.12	77.61	81.27
胡桃楸林	96390	7.30	0.11	0.15	66.72	74.28

续表

森林类型	森林面积（hm²）	年吸收 SO₂ 总价值（亿元·a⁻¹）	年吸收氟化物价值（亿元·a⁻¹）	年吸收氮氧化物价值（亿元·a⁻¹）	年滞尘价值（亿元·a⁻¹）	合计（亿元·a⁻¹）
黄菠萝林	43664	3.32	0.08	0.09	43.52	47.01
椴树林	52384	2.96	0.06	0.08	101.96	105.06
柞树林	79700	7.15	0.08	0.15	80.98	88.36
榆树林	75642	3.40	0.05	0.07	52.78	56.30
色树林	62249	4.70	0.08	0.10	118.84	123.73
枫桦林	16400	0.86	0.02	0.03	14.33	15.24
白桦林	57045	4.86	0.07	0.11	107.41	112.45
杨树林	169095	6.74	0.08	0.16	132.20	139.18
合计	1241931	79.03	1.30	2.00	1577.69	–

因此，在吉林森工集团不同森林类型吸收 SO_2、氟化物、氮氧化物及滞尘的总价值中，落叶松林价值最高，为 344.63 亿元，占吉林森工集团森林吸收大气污染物及降尘价值的 20.76%，其次臭松林为 216.59 亿元，占 13.05%；枫桦林最小，为 15.24 亿元，占 0.92%，不同森林类型吸收大气污染物及降尘价值占吉林森工集团吸收大气污染物及降尘价值的比重如图 5−27 所示：

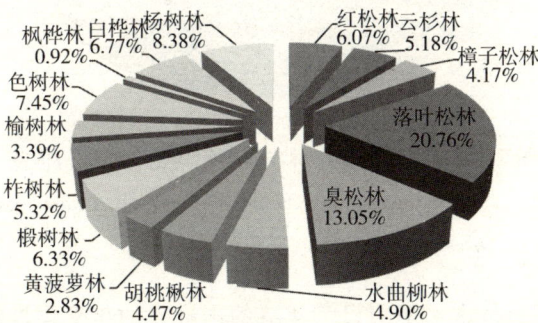

图 5−27　不同森林类型年吸收污染物和滞尘价值图

Figure 5 − 27　Value analysis diagram of absorb pollutants and dust of different forest type

　　合计以上各项,2013 年吉林森工集团各林业局森林年吸收 SO_2、氟化物、氮氧化物及滞尘总价值如表 5 - 61 所示:

表 5 - 61　八个林业局森林吸收 SO_2、氟化物、氮氧化物及除尘总价值(亿元)

Table 5 - 61　Total value of forest absorption of SO_2, fluoride, nitrogen oxides and dust removal in the eight forest bureau(billion)

林业局	露水河	临江	白石山	红石	松江河	泉阳	三岔子	弯沟	总计
总计	153.83	248.11	151.99	387.94	211.44	110.59	276.11	119.92	1659.93

　　从以上计算结果可以看出,2013 年吉林森工集团森林年吸收污染物和滞尘总价值为 1659.93 亿元。其中红石林业局森林年吸收污染物和滞尘价值最高,为 387.94 亿元,占吸收污染物和滞尘总价值的 23.37%;其次三岔子林业局为 276.11 亿元,占 16.63%;泉阳林业局最小,为 110.59 亿元,占 6.66%,各林业局吸收污染物和滞尘服务价值占吉林森工集团吸收污染物和滞尘服务价值的比重如图 5 - 28 所示:

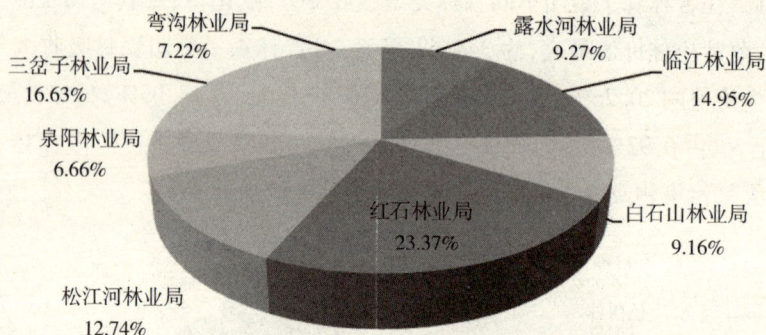

图 5 - 28　各林业局森林年吸收污染物和滞尘价值图

Figure 5 - 28　Value analysis chart of forest in absorb pollutants and dust in different forest bureau

　　另外,2013 年吉林森工集团设计建造的声屏障的年平均投资计算结果如表 5 -62 所示:

表 5 –62　吉林森工集团设计建造的声屏障的年平均投资

Table 5 –62　The average annual investment of sound barrier in Jilin

forest industry group

林业局	里程(km)	总投资（元）	使用寿命（年）	长(m)	高(m)	单位长度造价(元·m⁻¹)	每年平均费用(元·m⁻¹·a⁻¹)
露水河	899.3	2860830	15	908.2	3.0～3.5	3150	210.00
临江	792.1	3197360	15	940.4	3.0～3.5	3400	226.67
白石山	522.6	2729985	15	791.3	3.0～3.5	3450	230.00
红石	1068.0	5358370	15	1509.4	3.0～3.5	3550	236.67
松江河	796.8	3204796	15	965.3	3.0～3.5	3320	221.33
泉阳	546.9	2087190	15	662.6	3.0～3.5	3150	210.00
三岔子	1073.3	4316664	15	1300.2	3.0～3.5	3320	221.33
弯沟	869.4	3765300	15	1141.0	3.0～3.5	3300	220.00
合计	6568.5	27520495	–	8218.5	–	–	–
加权平均	–	–	–	–	–	–	222.00

同样,由第3章表3–1的公式计算得到2013年吉林森工集团公路绿化带的降噪价值为2.05亿元,具体如表5–63所示:

表 5 –63　吉林森工集团各林业局公路绿化林带降低噪声价值

Table 5 –63　Reduce noise value of Highway landscaping belts in Jilin forest industry group

林业局	林带当量长度（m）	每年每m费用（元·m⁻¹·a⁻¹）	林带降低噪音价值（万元/a）
露水河	24120.7	222.00	535.4795
临江	109629.9	222.00	2433.7838
白石山	77316.7	222.00	1716.4307
红石	146089.3	222.00	3243.1825
松江河	111249.9	222.00	2469.7478
泉阳	67823.4	222.00	1505.6795

林业局	林带当量长度 （m）	每年每 m 费用 （元·m⁻¹·a⁻¹）	林带降低噪声价值 （万元/a）
三岔子	209399.5	222.00	4648.6689
弯沟	175724.3	222.00	3901.0795
合计	921353.9	—	20454.0521

从以上数据可以看出，2013 年三岔子和弯沟公路绿化带降噪价值较高，分别为 0.46 亿元和 0.39 亿元，各占公路绿化带降噪总价值的 22.73% 和 19.07%；露水河最低为 0.05 亿元，占 2.62%，各林业局公路绿化带降噪价值占吉林森工集团公路绿化带降噪总价值的比重如图 5-29 所示：

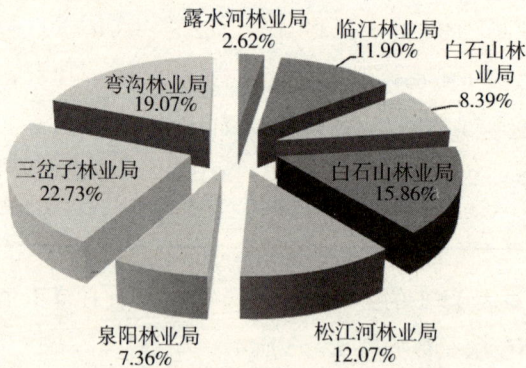

图 5-29 各林业局公路绿化带的降低噪音价值图

Figure 5 - 29 Benefit analysis diagram of road green belts to reduce noise in different forest bureau

除降低噪声价值外，八个林业局净化大气环境服务总价值如表 5-64 所示：

表 5 - 64　八个林业局净化大气环境服务总价值(除降低噪声价值)

Table 5 - 64　Total value of forest purifying atmospheric environment in the eight forest bureau(in addition to reduce noise value)

森林类型	森林面积(hm²)	年提供负离子价值(亿元·a⁻¹)	年吸收SO₂总价值(亿元·a⁻¹)	年吸收氟化物价值(亿元·a⁻¹)	年吸收氮氧化物价值(亿元·a⁻¹)	年滞尘价值(亿元·a⁻¹)	合计(亿元·a⁻¹)	单位面积净化大气环境价值(万元·hm⁻²·a⁻¹)
红松林	141158	0.10	8.34	0.11	0.22	92.02	100.79	7.14
云杉林	49030	0.05	4.43	0.08	0.11	81.38	86.05	17.55
樟子松林	63326	0.02	3.71	0.08	0.12	65.35	69.28	10.94
落叶松林	171313	0.16	10.86	0.21	0.32	333.23	344.78	20.13
臭松林	89403	0.02	6.95	0.10	0.17	209.37	216.61	24.23
水曲柳林	75133	0.02	3.44	0.10	0.12	77.61	81.29	10.82
胡桃楸林	96390	0.03	7.30	0.11	0.15	66.72	74.31	7.71
黄菠萝林	43664	0.02	3.32	0.08	0.09	43.52	47.03	10.77
椴树林	52384	0.01	2.96	0.06	0.08	101.96	105.07	20.06
柞树林	79700	0.02	7.15	0.08	0.15	80.98	88.38	11.09
榆树林	75642	0.02	3.40	0.05	0.07	52.78	56.32	7.45
色树林	62249	0.02	4.70	0.08	0.10	118.84	123.74	19.88
枫桦林	16400	0.00	0.86	0.02	0.03	14.33	15.24	9.29
白桦林	57045	0.03	4.86	0.07	0.11	107.41	112.48	19.72
杨树林	169095	0.05	6.74	0.08	0.16	132.20	139.23	8.23
合计	1241931	0.57	79.03	1.30	2.00	1577.69	–	–

　　八个林业局不同森林类型净化大气环境价值(除降低噪声价值)占吉林森工集团净化大气环境价值(除降低噪声价值)的比重如图 5 - 30 所示:

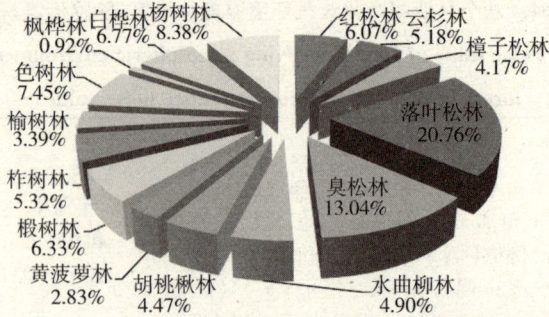

图 5 – 30　八个林业局森林净化大气环境总价值(除降低噪音价值)图

Figure 5 – 30　The total value analysis diagram of forest purifying atmospheric environment in the eight forest bureau(in addition to reduce noise value)

因此,由图可以看出,除降低噪声价值外,2013 年落叶松净化大气环境服务总价值最高,为 344.78 亿元,占净化大气环境总价值的 20.76%;其次臭松林为 216.61 亿元,占 13.04%;最少的枫桦林为 15.24 亿元,占 0.92%。吉林森工集团森林净化大气环境总价值(除降低噪声)如表 5 – 65 所示:

表 5 – 65　八个林业局森林净化大气环境总价值(除降低噪声价值)(亿元)

Table 5 – 65　The total value of forest purifying atmospheric environment in the eight forest bureau (in addition to reduce noise value) (billion)

林业局	露水河	临江	白石山	红石	松江河	泉阳	三岔子	弯沟	合计
净化大气环境价值	153.89	248.23	152.04	388.05	211.51	110.64	276.20	119.96	1660.52

从以上数据可以看出,2013 年除降低噪声价值外,八个林业局森林净化大气环境服务总价值为 1660.52 亿元,单位面积净化大气环境服务价值为 13.39 万元/hm²。其中红石林业局净化大气环境服务价值最大,为 388.05 亿元,占净化大气环境总价值的 23.37%;仅次于红石的三岔子林业局为 276.2 亿元,占 16.63%;最少的泉阳林业局为 110.64 亿元,占 6.66%,各林业局净化大气环境服务价值占吉林森工集团净化大气环境服务价值的比重如图 5 – 31 所示:

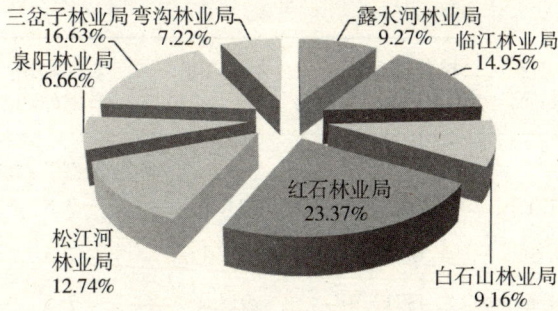

三岔子林业局弯沟林业局 16.63% 7.22%
露水河林业局 9.27% 临江林业局 14.95%
泉阳林业局 6.66%
红石林业局 23.37%
松江河林业局 12.74%
白石山林业局 9.16%

图 5 – 31　各林业局净化大气环境服务价值(除降低噪声价值)分析图

Figure 5 – 31　Benefit analysis diagram of forest purifying atmospheric environment in different forest bureau (in addition to reduce noise value)

最后,将吉林森工集团公路绿化带降低噪音价值 2.05 亿元与其他五方面价值 1660.52 亿元合计,得到 2013 年吉林森工集团森林净化大气环境服务的总价值为 1662.57 亿元。

5.2.4　农田/草场防护服务

根据吉林省农业厅提供的农作物播种面积、单位面积年产量、年总产量数据,根据农作物年增产率资料,由表 3 – 1 的公式计算的 2013 年吉林森工集团农作物的增产量如表 5 – 66 所示:

表 5 – 66　吉林森工集团 2013 年播种面积、总产量和农作物增产量

Table 5 – 66　The increase of planting area, output and crop production of Jilin province in 2013

类别	播种面积 (千 hm²)	单位面积年产量(kg·hm⁻²·a⁻¹)	年总产量 (万 t·a⁻¹)	农作物增产率(%)	年增产量 (万 t·a⁻¹)
玉米	3499.1	7932.6	2775.7	7.5	270.66
大豆	337.4	1209.2	40.8	7.5	4.03
水稻	726.7	7751.5	563.3	7.5	54.86
小麦	3.0	4333.3	1.3	7.5	0.13
油料	276.6	3036.9	84.0	7.5	8.19

续表

类别	播种面积 （千 hm²）	单位面积年产 量(kg·hm⁻²·a⁻¹)	年总产量 （万 t·a⁻¹）	农作物增 产率(%)	年增产量 （万 t·a⁻¹）
糖类	2.3	26956.5	6.2	7.5	0.65
杂粮豆	131.1	892.4	11.7	7.5	1.17
薯类(折粮)	79.6	6080.4	48.4	7.5	4.68
蔬菜	214.6	43713.9	938.1	7.5	91.52
水果	52.7	44535.1	234.7	7.5	22.88
其他作物	90.0	20788.9	187.1	7.5	18.20
合计	5413.1	–	4891.3	–	476.97

　　根据 2013 年各类农作物的年均价格,由第 3 章表 3 – 1 的公式计算出吉林森工集团各类农作物的年增产价值如表 5 – 67 所示:

表 5 – 67　吉林森工集团各类农作物的年增产价值

Table 5 – 67　Production value of all kinds of crops in Jilin forest industry group

类别	年总产量 （万 t·a⁻¹）	年增产量 （万 t·a⁻¹）	年产值 （万元·a⁻¹）	年平均价 （元·t⁻¹）	年增产值 （亿元·a⁻¹）
玉米	2775.7	270.66	5995512.0	2160	58.46
大豆	40.8	4.03	130560.0	3200	1.29
水稻	563.3	54.86	957610.0	1700	9.33
小麦	1.3	0.13	2730.0	2100	0.03
油料	84	8.19	378000.0	4500	3.69
糖类	6.2	0.65	15500.0	2500	0.16
杂粮豆	11.7	1.17	51480.0	4400	0.51
薯类(折粮)	48.4	4.68	83248.0	1720	0.80
蔬菜	938.1	91.52	1031910.0	1100	10.07
水果	234.7	22.88	704100.0	3000	6.86
其他作物	187.1	18.20	63239.8	338	0.62
合计	4891.3	476.97	9413889.8	–	91.82

　　从以上数据可以看出,2013 年吉林森工集团的农田/草场防护服务价值为 91.82 亿元。其中玉米增产产值最大,为 58.46 亿元,占吉林森工集团各类农作物年增产总价值的 63.67%;其次蔬菜增产产值为 10.07 亿元,占 10.96%;小麦的增产产值最小,为 0.03 亿元,占 0.03%,不同农作物的增产价值占吉林森工集团所有农作物增产价值的比重如图 5 - 32 所示:

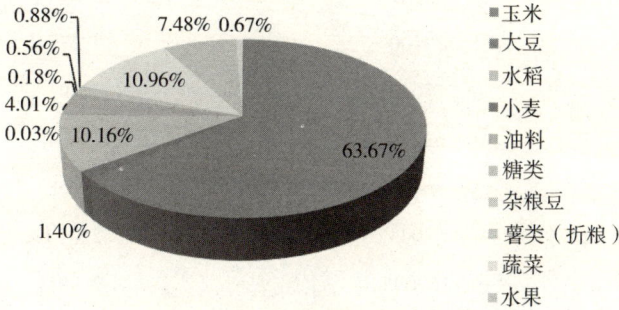

图 5 - 32　不同农作物的年增产价值

Figure 5 - 32　Annual production value of different crops

5.2.5　生物多样性保护服务

　　根据吉林森工集团各林业局不同森林类型林木的面积和生物多样性指数等,根据表 3 - 1 的公式计算的 2013 年平均生物多样性指数如表 5 - 68 所示:

表 5 - 68　八个林业局不同森林类型的 Shannon—Wiener 多样性指数

Table 5 - 68　Diversity index about Shannon Wiener of different forest type in the eight forest bureau

森林类型	面积(hm²)	Shannon—Wiener 多样性指数
红松林	141158	2.791
云杉林	49030	1.913
樟子松林	63326	3.977
落叶松林	171313	2.801
臭松林	89403	3.546

森林类型	面积(hm²)	Shannon—Wiener 多样性指数
水曲柳林	75133	2.384
胡桃楸林	96390	1.914
黄菠萝林	43664	1.866
椴树林	52384	2.843
柞树林	79700	3.628
榆树林	75642	2.791
色树林	62249	4.404
枫桦林	16400	2.258
白桦林	57045	2.000
杨树林	169095	2.791
合计	1241931	–

进而,进一步计算 2013 年吉林森工集团不同森林类型的年物种损失机会成本如表 5 - 69 所示:

表 5 - 69　八个林业局不同森林类型的年物种损失的机会成本

Table 5 - 69　Opportunity cost of species loss of different forest type in the eight forest bureau each year

森林类型	面积(hm²)	Shannon – Wiener 多样性指数(－)	单位面积物种年保育价值(万元·hm⁻²)	生物多样性保护年总价值(亿元·a⁻¹)
红松林	141158	2.791	1.299	18.34
云杉林	49030	1.913	0.675	3.31
樟子松林	63326	3.977	2.430	15.39
落叶松林	171313	2.801	1.308	22.40
臭松林	89403	3.546	1.993	17.82
水曲柳林	75133	2.384	0.981	7.37
胡桃楸林	96390	1.914	0.675	6.51

续表

森林类型	面积(hm²)	Shannon—Wiener 多样性指数(-)	单位面积物种年保育价值(万元·hm⁻²)	生物多样性保护年总价值(亿元·a⁻¹)
黄菠萝林	43664	1. 866	0. 648	2. 83
椴树林	52384	2. 843	1. 342	7. 03
柞树林	79700	3. 628	2. 074	16. 53
榆树林	75642	2. 791	1. 300	9. 83
色树林	62249	4. 404	2. 880	17. 93
枫桦林	16400	2. 258	0. 890	1. 46
白桦林	57045	2. 000	0. 726	4. 14
杨树林	169095	2. 791	1. 299	21. 97
合计	1241931	–	–	172. 87

从以上数据可以看出,2013 年吉林森工集团森林生物多样性保护服务价值为172. 87 亿元。其中落叶松生物多样性保护服务年价值最高,为 22.4 亿元,占吉林森工集团森林生物多样性保护服务价值的 12.96% ;其次杨树为 21.97 亿元,占12.71% ;排第三的红松为 18.34 亿元,占 10.61% ;最少的枫桦为 1.46 亿元,占0.85% ,不同森林类型的生物多样性保护服务价值占吉林森工集团生物多样性保护服务价值的比重如图 5 – 33 所示:

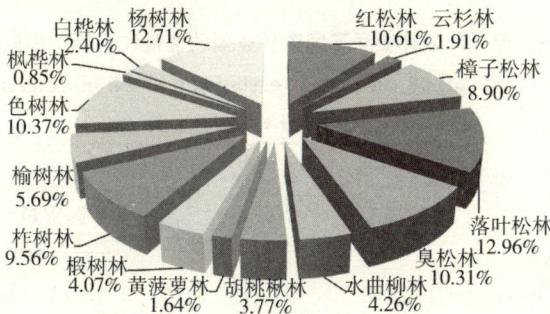

图 5 – 33 不同森林类型生物多样性保护服务价值图

Figure 5 – 33 Forest type analysis diagram of total value in forest species conservation

从图 5 - 33 可以看出,在单位面积森林生物多样性保护价值排序上,第一色树为 14.04 万元·hm^{-2};其次樟子松为 11.84 万元·hm^{-2};黄菠萝在单位面积生物多样性保护服务价值最低,为 3.16 万元·hm^{-2}。其中胡桃楸和云杉价值较接近,为 3.29 万元·hm^{-2};红松、榆树和杨树的价值相同,为 6.33 万元·hm^{-2},不同森林类型单位面积生物多样性保护服务价值如图 5 - 34 所示:

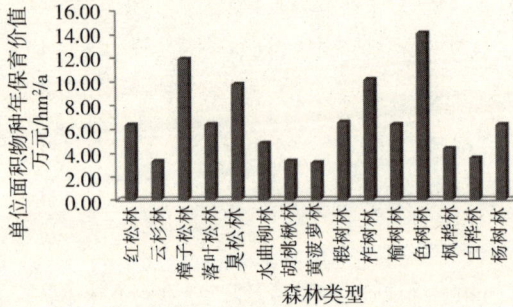

图 5 - 34 单位面积不同森林类型生物多样性保护价值图

Figure 5 - 34 Analysis chart of biodiversity maintenance value at various forest types in the unit area

5.2.6 固碳制氧服务

根据不同森林类型的单位面积年生产力、CO_2 中的碳含量比例和单位面积土壤的年固碳量,计算得到 2013 年吉林森工集团不同森林类型的植被和土壤年固碳量如表 5 - 70 所示:

表 5 - 70 八个林业局不同森林类型的植被和土壤年固碳量

Table 5 - 70 Fixed carbon content of vegetation and soil of different forest type in the eight forest bureau each year

森林类型	林分面积	林分净生产力	CO_2 中的碳含量	植被年固碳量	单位面积林分土壤年固碳量	土壤年固碳量	森林年固碳量	单位面积森林固碳量
	hm^2	$t·hm^{-2}·a^{-1}$	%	万 $t·a^{-1}$	$t·hm^{-2}·a^{-1}$	万 $t·a^{-1}$	万 $t·a^{-1}$	$t·hm^{-2}·a^{-1}$
红松	141158	0.07	27.29	0.004	0.479	6.768	6.773	0.480

森林类型	林分面积	林分净生产力	CO_2 中的碳含量	植被年固碳量	单位面积林分土壤年固碳量	土壤年固碳量	森林年固碳量	单位面积森林固碳量
	hm^2	$t \cdot hm^{-2} \cdot a^{-1}$	%	万 $t \cdot a^{-1}$	$t \cdot hm^{-2} \cdot a^{-1}$	万 $t \cdot a^{-1}$	万 $t \cdot a^{-1}$	$t \cdot hm^{-2} \cdot a^{-1}$
云杉	49030	0.01	27.29	0.000	0.634	3.107	3.107	0.634
樟子松	63326	0.00	27.29	0.000	0.640	4.055	4.055	0.640
落叶松	171313	0.09	27.29	0.007	0.459	7.871	7.878	0.460
臭松	89403	0.00	27.29	0.000	0.651	5.817	5.817	0.651
水曲柳	75133	0.03	27.29	0.001	0.489	3.671	3.672	0.489
胡桃楸	96390	0.22	27.29	0.009	0.654	6.301	6.311	0.655
黄菠萝	43664	0.07	27.29	0.001	0.653	2.853	2.854	0.654
椴树	52384	0.00	27.29	0.000	0.566	2.966	2.966	0.566
柞树	79700	0.00	27.29	0.000	0.566	4.508	4.508	0.566
榆树	75642	0.00	27.29	0.000	0.543	4.104	4.104	0.543
色树	62249	0.89	27.29	0.025	0.507	3.153	3.178	0.510
枫桦	16400	0.00	27.29	0.000	0.438	0.718	0.718	0.438
白桦	57045	0.86	27.29	0.022	0.550	3.137	3.159	0.554
杨树	169095	0.53	27.29	0.040	0.430	7.276	7.316	0.433
合计	1241931	–	–	0.110	–	66.305	66.414	–
平均	–	–	–	0.007	–	4.420	4.428	–

　　根据各林业局不同森林类型的面积和林分净生产力,进一步计算得到 2013 年吉林森工集团不同森林类型的制氧量如表 5 - 71 所示:

表 5 –71 八个林业局不同森林类型制氧量

Table 5 –71 The amount of oxygen of different forest type in the eight forest bureau

森林类型	林分面积 （hm²）	林分净生产力 （t·hm⁻²·a⁻¹）	林分年制氧量 （万t·a⁻¹）	单位面积森林 年制氧量(t·hm⁻²·a⁻¹)
红松林	141158	0.07	1.18	0.08
云杉林	49030	0.01	0.06	0.01
樟子松林	63326	0.00	0.00	0.00
落叶松林	171313	0.09	1.83	0.11
臭松林	89403	0.00	0.00	0.00
水曲柳林	75133	0.03	0.27	0.04
胡桃楸林	96390	0.22	2.52	0.26
黄菠萝林	43664	0.07	0.36	0.08
椴树林	52384	0.00	0.00	0.00
柞树林	79700	0.00	0.00	0.00
榆树林	75642	0.00	0.00	0.00
色树林	62249	0.89	6.59	1.06
枫桦林	16400	0.00	0.00	0.00
白桦林	57045	0.86	5.84	1.02
杨树林	169095	0.53	10.66	0.63
合计	1241931	–	29.32	–
平均	82795	–	1.95	–

2013 年,欧洲碳排放交易体系的碳市场交易平均价格为 4 欧元/t,按照 2013 年汇率 1 欧元 = 8.4 人民币元计算,当年碳市场交易价格为 33.6 元/t。因此,计算得到 2013 年八个林业局不同森林类型的固碳制氧价值如表 5 – 72 所示:

表 5 −72　八个林业局不同森林类型固碳制氧价值

Table 5 −72　Carbon sequestration oxygen release value of different forest type in the eight forest bureau

森林类型	植被年固碳价值(亿元·a⁻¹)	土壤年固碳价值(亿元·a⁻¹)	森林年固碳价值(亿元·a⁻¹)	林分年制氧价值(亿元·a⁻¹)	林分年固碳制氧总价值(亿元·a⁻¹)	单位面积林分年固碳制氧总价值(元·hm⁻²·a⁻¹)
红松林	0.00	0.02	0.02	0.04	0.07	47.47
云杉林	0.00	0.01	0.01	0.00	0.01	25.88
樟子松林	0.00	0.01	0.01	0.00	0.01	21.52
落叶松林	0.00	0.03	0.03	0.07	0.10	55.51
臭松林	0.00	0.02	0.02	0.00	0.02	21.86
水曲柳林	0.00	0.01	0.01	0.01	0.01	29.90
胡桃楸林	0.00	0.02	0.02	0.09	0.12	120.04
黄菠萝林	0.00	0.01	0.01	0.01	0.02	52.88
椴树林	0.00	0.01	0.01	0.00	0.01	19.03
柞树林	0.00	0.01	0.01	0.00	0.02	19.01
榆树林	0.00	0.01	0.01	0.00	0.01	18.23
色树林	0.00	0.01	0.01	0.25	0.26	414.16
枫桦林	0.00	0.00	0.01	0.00	0.00	14.71
白桦林	0.00	0.01	0.01	0.22	0.23	402.51
杨树林	0.00	0.02	0.02	0.40	0.42	250.94
合计	0.00	0.22	0.22	1.10	1.32	106.47

因此,从以上数据可以看出,2013 年吉林森工集团森林固碳制氧服务总价值为 1.32 亿元,单位面积固碳制氧服务价值为 0.01 万元/hm²。其中杨树固碳制氧价值最高,为 0.42 亿元,占吉林森工集团森林固碳制氧服务总价值的 32.09%;其次色树为 0.26 亿元,占 19.5%;最少的枫桦为 24.12 万元,占 0.18%,不同森林类型固碳制氧服务价值占吉林森工集团固碳制氧服务价值的比重如图 5 −35 所示:

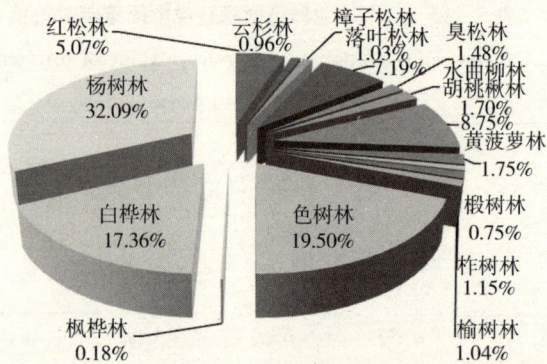

图 5 - 35   不同森林类型固碳制氧总价值图

Figure 5 - 35   Analysis chart of total value of carbon sequestration releasing oxygen in different forest type

5.2.7   结果分析

根据 2013 年吉林森工集团森林生态系统服务价值核算结果,我们可以看出:

(1)涵养水源

2013 年,吉林森工集团森林涵养水源价值为 162.21 亿元,单位面积涵养水源服务价值为 1.31 万元/hm²。其中红石林业局涵养水源服务价值最大,为 32.22 亿元,占吉林森工集团森林涵养水源价值的 19.86%;其次临江林业局为 30.16 亿元,占 18.6%;弯沟林业局最小,为 10.4 亿元,占涵养水源价值的 6.41%。

(2)保育土壤

2013 年吉林森工集团森林保育土壤服务价值为 153.09 亿元。其中露水河林业局保育土壤服务价值最高,为 76.07 亿元,占吉林森工集团森林保育土壤总服务价值的 49.69%;其次临江林业局为 28.02 亿元,占 18.30%;弯沟和泉阳林业局保育土壤服务价值最低,分别为 1.63 亿元和 2.12 亿元,各占 1.07% 和 1.38%。

具体来讲,2013 年吉林森工集团森林固土服务总价值为 2.8 亿元。露水河林业局固土价值最高,为 1.38 亿元,占森工集团森林固土总价值的 49.29%。其次红石林业局为 0.56 亿元,占 19.93%。弯沟和泉阳林业局的固土价值最低,分别为 0.03 亿元和 0.04 亿元,各占 1.1% 和 1.33%;吉林森工集团森林土壤保肥总价值为150.29亿元。露水河林业局森林土壤保肥价值最高,为74.69亿元,占森工集团森林土壤保肥价值的49.7%;其次临江林业局为27.55亿元,占18.33%;弯沟林业局最低为1.60亿元,占森林土壤保肥价值的1.07%。

(3)净化大气环境

2013年,吉林森工集团森林净化大气环境服务总价值为1662.57亿元。除降低噪声价值外,吉林森工集团净化大气环境服务总价值为1660.52亿元,红石林业局净化大气环境服务价值最大,为388.05亿元,占净化大气环境服务总价值的23.37%;仅次于红石的三岔子林业局为276.2亿元,占16.63%;最少的泉阳林业局为110.64亿元,占净化大气环境服务总价值的6.66%。

具体来讲,2013年吉林森工集团提供负离子总价值为0.57亿元。红石和临江林业局提供负离子总价值均为0.11亿元,占森工集团森林年提供负离子价值的19.3%;三岔子林业局次之,为0.09亿元,占15.79%;最少的弯沟林业局为0.04亿元,占7.02%。

吉林森工集团森林年吸收污染物和滞尘总价值为1659.93亿元。红石林业局森林年吸收污染物和滞尘价值最高,为387.94亿元,占森工集团森林年吸收污染物和滞尘总价值的23.37%;其次三岔子林业局为276.11亿元,占16.63%;最少的泉阳林业局为110.59亿元,占6.66%。

吉林森工集团公路绿化带的降低噪声价值为2.05亿元。三岔子和弯沟林业局公路绿林带降低噪声价值较高,分别为0.46亿元和0.39亿元,各占总价值的22.73%和19.07%;最低的露水河林业局公路绿化带降低噪声价值为0.05亿元,占2.62%。

(4)农田/草场防护

2013年吉林森工集团农田/草场防护服务价值为91.82亿元。其中玉米增产价值最大,为58.46亿元,占吉林森工集团各类农作物年增产总价值的63.67%;其次蔬菜增产价值为10.07亿元,占10.96%;小麦的增产价值最小,为0.03亿元,占0.03%。

(5)生物多样性保护

2013年,吉林森工集团森林生物多样性保护服务价值为172.87亿元。其中落叶松生物多样性保护服务价值最高,为 22.4 亿元,占吉林森工集团森林生物多样性保护服务价值的 12.96%;其次杨树为 21.97 亿元,占 12.71%;排第三的红松为 18.34 亿元,占 10.61%;最少的枫桦为 1.46 亿元,占 0.85%。

在单位面积生物多样性保护服务价值排序上,第一的色树为 14.04 万元·hm^{-2};其次樟子松为 11.84 万元·hm^{-2};黄菠萝林单位面积生物多样性保护服务价值最低,为 3.16 万元·hm^{-2}。胡桃楸和云杉价值较接近;红松、榆树和杨树的价值相同,为 6.33 万元·hm^{-2}。

(6)固碳制氧

2013 年,吉林森工集团森林固碳制氧总服务价值为 1.32 亿元。杨树的固碳制氧服务价值最高,为 0.42 亿元,占吉林森工集团森林固碳制氧总服务价值的 32.09%;其次色树为 0.26 亿元,占 19.5%;最少的枫桦为 24.12 万元,占 0.18%。

将 2013 年吉林森工集团的森林生态系统服务价值进行汇总,结果如表 5－73 所示:

表 5－73　2013 年吉林森工集团森林生态系统服务总价值

Table 5－73　Forest ecological benefit value of Jilin province in 2013

评价内容	森工年价值 (亿元/a)	森工森林总面积(hm^2)	单位面积价值 (万元/hm^2/a)
涵养水源	162.21	1241931	1.31
保育土壤	153.09	1241931	1.23
净化大气环境	1662.57	1241931	13.39
农田/草场防护	91.82	1241931	0.74
生物多样性保护	172.87	1241931	1.39
固碳制氧	1.32	1241931	0.01
总效益	2243.88	－	－

从以上数据可以看出,2013 年吉林森工集团森林生态系统服务总价值为 2243.88 亿元,不同森林生态系统服务价值占总价值的比重如图 5－36 所示:

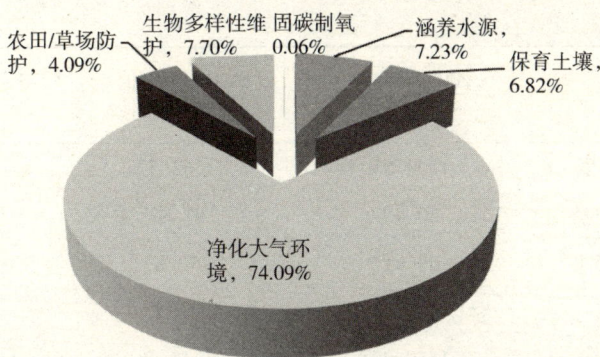

图 5 – 36 森林系统各生态服务价值分析图

Figure 5 – 36 Value analysis diagram of forest ecological system services

因此,由图 5 – 36 可以看出,2013 年吉林森工集团净化大气环境服务价值最高,为 1662. 57 亿元,占吉林森工集团森林生态系统服务总价值的 74.09%;其次生物多样性保护价值为 172. 87 亿元,占 7.7%;固碳制氧服务价值最小,为 1. 32 亿元,占 0. 06%。

5.3 实物量、价值量动态变化分析

5.3.1 各项服务价值对比分析

2008 年与 2013 年吉林森工集团森林生态系统各项服务价值对比分析如表 5 – 74 所示:

表 5 – 74 2008 年与 2013 年吉林森工集团森林生态系统各服务价值对比分析

Table 5 – 74 Contrastive analysis about forest ecological services value in Jilin forest industry group between 2008 and 2013

评价内容	2008 年价值 (亿元/a)	2013 年价值 (亿元/a)	2013 年与 2008 年相比 (亿元/a)
涵养水源	89. 65	162. 21	72. 56
保育土壤	203. 57	153. 09	– 50. 48

评价内容	2008 年价值 （亿元/a）	2013 年价值 （亿元/a）	2013 年与 2008 年相比 （亿元/a）
净化大气环境	1109.55	1662.57	553.02
农田/草场防护	60.40	91.82	31.42
生物多样性保护	93.91	172.87	78.96
固碳制氧	1.92	1.32	-0.60
价值（合计）	1559.00	2243.88	684.88

从以上数据可以看出，2013 年吉林森工集团森林生态服务总价值较 2008 年相比增加了 684.88 亿元。其中净化大气环境服务价值增长最明显，价值量增加的主要原因是森林面积与蓄积量的增加引起的。

5.3.2 各项服务单位面积价值对比分析

分别对森林生态系统各项服务定义如下：涵养水源为 X_1、保育土壤为 X_2、净化大气环境为 X_3、农田/草场防护为 X_4、生物多样性保护为 X_5 和固碳制氧为 X_6。吉林森工集团森林生态系统服务单位面积价值对比分析如表 5-75 所示：

表 5-75 吉林森工集团森林生态系统服务单位面积价值对比分析

Table 5-75 Contrastive analysis about Each service value per unit area of forest ecological system in Jilin forest industry group

各服务	2008 年			2013 年			2013 与 2008 对比
	服务价值 （亿元）	森林总面积（hm^2）	单位面积价值（万元/hm^2）	服务价值 （亿元）	森林总面积（hm^2）	单位面积价值（万元/hm^2）	单位面积价值（万元/hm^2）
X_1	89.65	868140	1.03	162.21	1241931	1.31	0.27
X_2	203.57	868140	2.34	153.09	1241931	1.23	-1.11
X_3	1109.55	868140	12.78	1662.57	1241931	13.39	0.61
X_4	60.40	868140	0.70	91.82	1241931	0.74	0.04

续表

各服务	2008 年			2013 年			2013 与 2008 对比
—	服务价值（亿元）	森林总面积（hm²）	单位面积价值（万元/hm²）	服务价值（亿元）	森林总面积（hm²）	单位面积价值（万元/hm²）	单位面积价值（万元/hm²）
X₅	93.91	868140	1.08	172.87	1241931	1.39	0.31
X₆	1.92	868140	0.02	1.32	1241931	0.01	−0.01
总价值	1559.00	868140	17.96	2243.88	1241931	18.07	0.11

从以上数据可以看出，2013 年与 2008 年相比，在单位面积价值变化上，涵养水源、净化大气环境、农田/草场防护服务，以及生物多样性保护服务为增加；保育土壤服务价值减少的原因主要是化肥价格下降引起的；固碳制氧服务价值减少的主要原因也是碳市场交易价格的大幅下降引起的。

5.4　本章小结

本章主要采用 2008 年和 2013 年吉林森工集团共八个林业局森林经营方案、森林资源清查的数据，对森林生态系统服务价值进行了核算，得到总服务价值、单位面积服务价值，并进行了对比分析。结果显示：吉林森工集团的生态环境在逐渐改善，森林资源总量和森林生态系统服务价值总量都在逐年提高。2008 年和 2013 年吉林森工集团的森林生态系统服务价值分别为 1559 亿元和 2243.88 亿元。2013 年吉林森工集团森林生态系统服务总价值较 2008 年相比增加了 684.88 亿元，其中净化大气环境服务价值增长最明显，实物量和价值量增加的主要原因是森林面积与蓄积量的增加。在单位面积价值变化上，2013 年与 2008 年相比，在涵养水源、净化大气环境、农田/草场防护和生物多样性保护服务上是增加的。保育土壤服务价值减少的主要原因是化肥价格下降引起的，固碳制氧服务价值减少的原因也是碳市场交易价格的大幅下降引起的。

第六章

森林生态系统服务价值综合评价

  森林生态系统包含多方面服务,以往针对这些服务的价值研究仅集中于单一内容的评价。但不同的森林生态系统服务价值评价所采用的研究方法,以及所遵循的基础理论是有区别的,这些方法评价得到各生态系统服务价值,直接相加得到总价值存在一定的质疑,且随着评价尺度和范围的不断扩大,不能不考虑组成森林生态系统服务价值的多个内容之间的相互交叉和重复性问题。对环境评价来说,合乎需要的近期目标应该是尽可能地减少单个项目的负效应并使影响尽可能地小。综合评价更多的是增加整个开发活动的正效应,改善生态系统的服务。可以看出,综合评价针对生态效应和事件处理是最适宜的,因此有必要对各服务价值结果进行综合评价分析。

  由于森林生态系统本身的复杂性和服务的重叠性,利用因子分析法可很好地解决各服务的相关性和交互影响的问题,将相关性较高的变量变为同组,使得不同组的变量之间不相关或相关性较低,以使森林生态系统服务价值评价研究更加客观合理。具体来讲,森林生态系统从服务内容上可分解为涵养水源、保育土壤、净化大气环境等内容,如果分别对各服务的价值进行核算并简单加总,可能会产生协同作用与重复累加等问题,因为针对不同的生态系统服务虽然评价结果都为价值量,表面上来看可直接进行相加,但不同内容有着不同的矢量,直接相加前有必要利用因子分析法进行综合评价处理。利用因子分析法可将众多森林生态系统服务影响因素进行分类,并利用因子贡献率给出各因子的权重,结合权重得到评价模型。

6.1　评价方法与步骤

6.1.1　因子分析法

因子分析法(Factor Analysis),最早是由 Charles Spearman 于 1904 年提出的,其基本目的是探讨变量之间的相关关系,用少量因子来描述多个指标之间的交互效应,将较密切的变量归在同组内,每一类变量就变成一个因子,以较少的因子反映原始资料中的大部分信息内容。

设有原始资料的变量:$x_1, x_2, x_3, \cdots, x_m$。这些变量与潜在因子的关系可表示为下式:

$$x_1 = b_{11} + z_1 + b_{12}z_2 + b_{13}z_3 + \cdots b_{1m}z_m + e_1$$
$$x_2 = b_{21} + z_1 + b_{22}z_2 + b_{23}z_3 + \cdots b_{2m}z_m + e_2 \qquad (6-1)$$
$$x_3 = b_{31} + z_1 + b_{32}z_2 + b_{33}z_3 + \cdots b_{3m}z_m + e_3$$

式中,$z_1 - z_m$ 为 m 个潜在因子,即为各原始变量中所包含的因子,也就是共性因子。$e_1 - e_m$ 为 m 个只包含在某个原始变量之中的且仅对这一原数变量起作用的个性因子,是各个原始变量中特有的因子。分析中,共性因子和特殊因子要求互相独立,因子分析法的目的就是找出共性因子。计算出结果之后,要对共性因子依据其实际的含义进行命名。

因子分析的方法包含很多种,如果可以忽略特殊因子,则可直接利用主成分分析法。而对于公因子数,可以根据贡献率最大的原则来予以确定。现假设公因子数目为 k,则初始的因子模型如下所示:

$$\begin{cases} x'_1 = \alpha_{11}f_1 + \alpha_{12}f_2 + \alpha_{13}f_3 + \cdots + \alpha_{1k}f_k + e_1 \\ x'_2 = \alpha_{21}f_1 + \alpha_{22}f_2 + \alpha_{33}f_3 + \cdots + \alpha_{2k}f_k + e_2 \\ x'_3 = \alpha_{31}f_1 + \alpha_{32}f_2 + \alpha_{33}f_3 + \cdots + \alpha_{3k}f_k + e_3 \\ \cdots\cdots\cdots\cdots\cdots\cdots\cdots\cdots\cdots\cdots \\ x'_m = \alpha_{m1}f_1 + \alpha_{m2}f_2 + \alpha_{m3}f_3 + \cdots + \alpha_{mk}f_k + e_m \end{cases} \qquad (6-2)$$

式中,$x'_1 - x'_m$ 为对原始变量进行标准差为 1,均值为 0 标准化后的变量;f_i 为第 i 个因子;α_{ij} 为在共性因子 f_i 上的载荷,表示 x_i 依赖于 f_i 的分量。

因为 $x'_1 - x'_m$ 为原始变量 $x_1 - x_m$ 标准化后的变量,因此其各个变量的方差都是 1,即 $variance(x'_i) = 1$,记做:

$$Va(x') = \alpha_{11}^2 + \alpha_{12}^2 + \alpha_{13}^2 + \cdots + \alpha_{im}^2 + V(e_i) = 1 \qquad (6-3)$$

上式主要包含两部分:

$$\alpha_{i1}^2 + \alpha_{i2}^2 + \alpha_{i+}^2 + \cdots + \alpha_{im}^2 \qquad (6-4)$$

即第一部分是指由几个共性因子所共同引起的共性方差。第二部分是由于特殊因子所引起的特性方差 $V(e)$。如共性方差占总方差的百分比越大,则其共性因子的作用也越大。共性方差的求取,涉及因子载荷与共性因子。

$$V_{common} : Vc(x'_i) = \sum_{j=1}^{m} \alpha_{ij}^2 \qquad (6-5)$$

如果提取前 k 个因子,则共性方差变为:

$$Vc(x'_i) = \sum_{j=1}^{k} \alpha_{ij}^2 \qquad (6-6)$$

6.1.2　因子分析法的步骤

因子分析法的操作步骤主要包括以下几方面:

1)对原始的数据样本进行标准化处理。为了能够消除原始变量之间在数量级别或在量纲上的区别,在应用因子分析法之前,要计算所有样本的均值和方差,即要对所有的变量进行标准化处理。

2)计算样本的相关系数矩阵 R。

3)求相关系数矩阵 R 的特征根 $\lambda_i(\lambda_1,\lambda_2,\cdots,\lambda_p > 0)$ 和相应的标准正交的特征向量 l_i。

4)根据系统要求的累积贡献率确定公共因子数。

5)计算因子载荷矩阵 A。

6)确定因子模型。对载荷矩阵 A 进行旋转,以便能够更好地解释公共因子。

7)根据上述计算结果,对系统进行分析。

6.2 吉林森工集团森林生态系统服务价值综合评价

吉林森工集团森林生态系统服务价值的综合评价,主要是对包括涵养水源、保育土壤、净化大气环境、农田/草场防护、生物多样性保护和固碳制氧等服务进行因子分析,以研究这些服务变量之间的相互关系及影响,找出潜在的起支配作用的因子。利用因子贡献率给出各因子的权重,综合权重得到最终的评价模型,对科学评价吉林森工集团森林生态系统服务价值有着非常重要的意义。

另外,研究构建了一个森林生态系统服务评价指标体系。它包含三个层次:一级指标、二级指标和三级指标。其中一级指标主要是指吉林森工集团森林生态系统服务价值;三级指标主要是指影响吉林森工集团森林生态系统服务价值的很多彼此可能存在多重共线性的因子;其中二级指标主要是指通过因子分析从第三级指标中所提取的少数关键因子。

研究中,利用因子分析法来提取潜在影响森林生态系统服务价值的变量,以此作为评价的二级指标。这样能够构成比较合理的指标体系,也可解决各服务价值之间的多重共线性问题。

6.2.1 指标体系的构建

(1)因子分析法建立层次结构模型

利用SPSS13.0软件对吉林森工集团森林生态系统各项服务价值进行因子分析,在进行因子分析之前,首先要检验相关矩阵中的大多数相关系数是否大于0.3,并判断是否适合做因子分析。计算的各因子的相关矩阵如表6-1所示:

表 6 - 1　原始变量的相关矩阵表

Table 6 - 1　Correlation matrix table of original variables

	评价指标	涵养水源	保育土壤	净化大气环境	农田/草场防护	生物多样性保护
相关性	涵养水源	1.000	0.665	-0.070	0.140	0.420
	保育土壤	0.665	1.000	0.086	0.370	0.652
	净化大气环境	-0.070	0.086	1.000	0.516	0.380
	农田/草场防护	0.140	0.370	0.516	1.000	0.502
	生物多样性保护	0.420	0.652	0.380	0.502	1.000
	固碳制氧	0.294	0.522	0.429	0.526	0.861
Sig.	涵养水源		0.000	0.291	0.136	0.000
	保育土壤	0.000		0.249	0.001	0.000
	净化大气环境	0.291	0.249		0.000	0.001
	农田/草场防护	0.136	0.001	0.000		0.000
	生物多样性保护	0.000	0.000	0.001	0.000	
	固碳制氧	0.009	0.000	0.000	0.000	0.000

从以上数据可以看出,相关矩阵中的大多数相关系数都大于0.3。因此,原始数据适合做因子分析。由于分析的是相关矩阵,森林生态系统的各项服务价值原始变量公因子方差都为1,六个变量公因子方差之和为6。未旋转的公因子方差如表6-2所示。

表 6 - 2　各变量的公因子方差表

Table 6 - 2　Communality tables of variables

评价指标	初始公因子方差	未旋转的公因子方差
涵养水源	1.000	0.895
保育土壤	1.000	0.847
净化大气环境	1.000	0.947
农田/草场防护	1.000	0.781
生物多样性保护	1.000	0.889
固碳制氧	1.000	0.875

提取方法:Principal Component Analysis.

从以上数据可以看出,各变量的公因子方差都比较高,说明提取的成分都能很好地描述这些变量。经过 KMO(Kaiser – Meyer – Olkin)检验,测度值为 0.730,接近于 1;巴特利特球度检验(Barlett Test of Sphericity)结果显示,巴特利球形检验统计量为 199.724,相应的显著性水平值为 0.000,可认为相关系数矩阵与单位阵之间有着显著性差异。因此,可以得出原有的研究数据适合做因子分析。

(2)指标权重的确定

对于二级指标的权重即关键因子的确定,通常可以用公共因子的方差贡献率来作为权重。事实上,若按照方差贡献率将公共因子从大到小依次排序后,其特征值也会按照从大到小的顺序排列,各成分的公因子方差如表 6 – 3 所示:

表 6 – 3 各成分的公因子方差表

Table 6 – 3 communality table of each component

评价指标	初始特征值			被提取的载荷平方和		
	特征值	方差贡献率%	累积贡献率%	特征值	方差贡献率%	累积贡献率%
涵养水源	3.216	53.593	53.593	3.216	53.593	53.593
保育土壤	1.390	23.161	76.754	1.390	23.161	76.754
净化大气环境	0.559	9.314	86.068			
农田/草场防护	0.446	7.439	93.506			
生物多样性保护	0.269	4.482	97.989			
固碳制氧	0.121	2.011	100.000			

提取方法:Principal Component Analysis.

从表 6 – 3 可以看出,只有前两个成分的特征值大于 1。即第一成分的特征值为 3.216,第二成分的特征值为 1.390。从上至下各因子方差占总方差百分比的累积贡献率可以看出,前两个变量的累积方差之和为 76.754%,即前两个变量能够解释原始 6 个变量的 76.754% 的变异。

从表中的因子提取结果来看,即从未经旋转的因子载荷的平方和可以看出,前两个因子变量已经能够对大多数据给出充分的概括,所能够解释的方差占总方差的 76.754%。因此,最后的结果是确定提取两个主成分,使用这些成分在相当大的程度上可以减少原始数据的重复性,但也丢失了原始数据的 23.246% 的信息。

为了能够说明提取这两个因子是否合适,现作碎石图如图 6 - 1 所示:

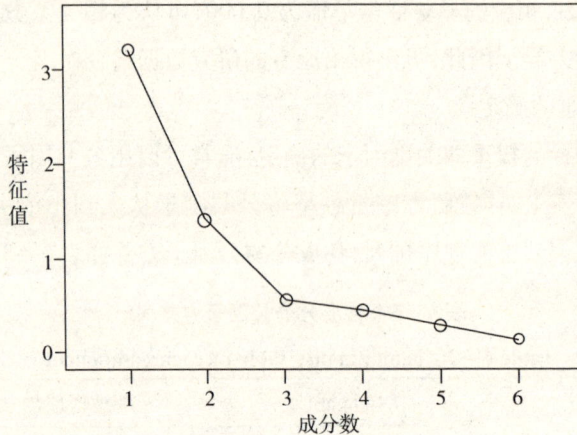

图 6 - 1　碎石图

Figure 6 - 1　Scree plot

从以上各成分特征值的碎石图可以看出,因子 1 与因子 2,以及因子 2 和因子 3 之间的特征值之差都比较大,而因子 3、4、5、6 之间的特征值差值都比较小,可以初步得出保留两个因子将能够概括绝大部分信息。明显的拐点位于成分数 3 处,因此提取两个因子比较合适,这也证实了表 6 - 3 结果的合理性。

对于二级指标的权重确定,已知两个因子对应的特征值分别为 3.216、1.390,根据公式(6 - 6)可计算得到各因子的贡献率,分别为 0.698、0.302。因此,吉林森工集团森林生态系统服务价值可以表示为:

$$F = 0.698 \times F_1 + 0.302 \times F_2 \tag{6-7}$$

下表 6 - 4 为因子载荷阵,它显示了原始变量与各个主成分之间的相关程度。即显示的是各个因子由哪些变量来解释信息。根据各因子之间的相关程度的大小,可综合给出各个因子的含义。

表 6 - 4　因子载荷阵

Table 6 - 4　Factor loading matrix(a)

评价指标	主成分	
	1	2
涵养水源	0.548	- 0.694
保育土壤	0.773	- 0.673
净化大气环境	0.499	0.705
农田/草场防护	0.693	0.409
生物多样性保护	0.912	- 0.013
固碳制氧	0.870	0.141

a: (1) Extraction Method: Principal Component Analysis.

(2) components extracted.

从表 6 - 4 可以看出,第一主成分与三个变量的相关程度较高,这三个变量分别是保育土壤、生物多样性保护和固碳制氧;第二主成分与涵养水源、保育土壤和净化大气环境变量的相关程度较高。由以上输出结果可认定对因子的提取结果是比较理想的,但是相关系数比较接近,要想对此因子进行命名比较困难。因此可进行一定的旋转使系数向 0 和 1 两极分化。得到旋转后的因子载荷矩阵如表 6 -5 所示:

表 6 - 5　旋转后因子载荷矩阵

Table 6 - 5　Rotated Component Matrix (a)

评价指标	主成分	
	1	2
净化大气环境	0.846	- 0.170
农田/草场防护	0.785	0.178
固碳制氧	0.730	0.494
生物多样性保护	0.654	0.336
涵养水源	- 0.078	0.881
保育土壤	0.237	0.874

a: (1) Extraction Method: Principal Component Analysis.

(2) Rotation Method: Varimax with Kaiser Normalization.

(3) Rotation converged in 3 iterations.

从表6-5可以看出,第一主成分与四个变量的相关程度较高,这四个变量分别是净化大气环境、农田/草场防护、固碳制氧和生物多样性保护;第二主成分与涵养水源、保育土壤变量的相关程度较高。根据这些变量的原始含义,现对这两个因子进行命名,第一个因子主要概括了一般的调节服务情况,净化大气环境、农田/草场防护、固碳制氧和生物多样性保护可以命名为一般的调节性服务。第二个因子主要概括了具体的水土保持服务因子,涵养水源、保育土壤变量可命名为具体的水土保持服务。

因子得分系数矩阵如表6-6所示:

表6-6 旋转后因子得分系数矩阵

Table 6-6 Component Score Coefficient Matrix

评价指标	主成分	
	1	2
涵养水源	-0.219	0.480
保育土壤	-0.059	0.412
净化大气环境	0.461	-0.262
农田/草场防护	0.359	-0.066
生物多样性保护	0.200	0.201
固碳制氧	0.267	0.112

注:(1)Extraction Method:Principal Component Analysis.
(2)Rotation Method:Varimax with Kaiser Normalization.
(3)Component Scores.

根据表6-6的因子得分系数和原始变量的标准化值,可以计算每个观测量的各因子的得分数,并可进一步对观测变量进行分析。旋转后的因子(主成分)表达式可写成如下形式:

$$FAC\_1-1 = -0.219 \times 涵养水源 - 0.059 \times 保育土壤 + 0.461 \times 净化大气环境 + 0.359 \times 农田/草场防护 + 0.200 \times 生物多样性保护 + 0.267 \times 固碳制氧$$

(6-8)

$$FAC\_2-1 = 0.480 \times 涵养水源 + 0.412 \times 保育土壤 - 0.262 \times 净化大气环境 - 0.066 \times 农田/草场防护 + 0.201 \times 生物多样性保护 + 0.112 \times 固碳制氧$$ (6-9)

研究对于二级指标的权重,采用因子分析法来最终确定三级指标,则写成:

$F_1 = 0.401 \times$ 净化大气环境 $+ 0.320 \times$ 农田/草场防护 $+ 0.193 \times$ 生物多样性保护 $+ 0.087 \times$ 固碳制氧 $\qquad (6-10)$

$F_2 = 0.698 \times$ 涵养水源 $+ 0.302 \times$ 保育土壤 $\qquad (6-11)$

两个主成分之间的相关矩阵如表 6 - 7 所示:

表 6 - 7   回归估计因子分数的协方差矩阵
Table 6 - 7   Component Score Covariance Matrix

评价指标	1	2
1	1.000	0.000
2	0.000	1.000

注:(1) Extraction Method:Principal Component Analysis.
(2) Rotation Method:Varimax with Kaiser Normalization.
(3) Component Scores.

从表 6 - 7 可以看出,旋转后的两个主成分之间是完全不相关的,这也是因为正交旋转后的因子仍然正交。

旋转后的因子即成分载荷图如图 6 - 2 所示:

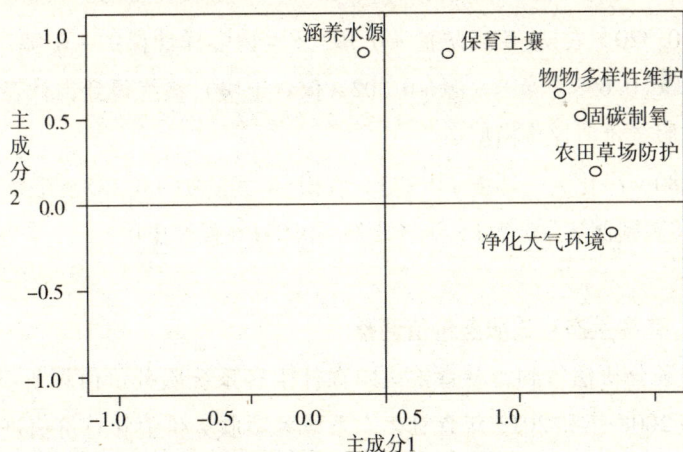

图 6 - 2   旋转后的因子载荷图
Figure 6 - 2   Component plot rotated space

分别以两个主成分为横纵坐标轴,按照表6-6中的数据作图得到主成分图,从上图更能清楚看出,各成分的变量是比较集中的。

综合以上分析,确定一般调节性服务和具体水土保持服务作为两个二级指标,而三级指标则为森林生态系统提供的六方面服务,可通过表6-8直观地表示出来:

表6-8 吉林森工集团森林生态系统服务综合评价指标体系

Table 6-8 Comprehensive evaluation index system of forest ecosystem services in Jilin forest industry group

一级指标	二级指标	三级指标
森林生态系统服务	一般调节性服务(0.698)	净化大气环境(0.401)
		农田/草场防护(0.320)
		固碳制氧(0.193)
		生物多样性保护(0.087)
	水土保持服务(0.302)	涵养水源(0.698)
		保育土壤(0.302)

现将式(6-10)和(6-11)分别带入(6-7)中,即 F = 0.698 × (0.401 × 净化大气环境 + 0.320 × 农田/草场防护 + 0.193 × 生物多样性保护 + 0.087 × 固碳制氧) + 0.302 × (0.698 × 涵养水源 + 0.302 × 保育土壤),最终得到吉林森工集团森林生态系统服务价值评价模型:

F = 0.280 × 净化大气环境 + 0.223 × 农田/草场防护 + 0.135 × 生物多样性保护 + 0.061 × 固碳制氧 + 0.211 × 涵养水源 + 0.091 × 保育土壤 　(6-12)

6.2.2 森林生态系统服务价值调整

利用因子分析法得到吉林森工集团森林生态系统服务价值评价模型,按此评价模型将2008年和2013年森林生态系统各项服务价值和总价值进行调整。

(1)森林生态系统服务总价值

调整后的森林生态系统服务总价值如表6-9所示:

表6－9 吉林森工集团森林生态系统服务总价值(亿元)

Table 6－9 Total value of forest ecosystem services in Jilin forest industry group(billion yuan)

评价内容	2008 年	2013 年	2013 年与 2008 年相比
涵养水源	18.92	34.23	15.31
保育土壤	18.52	13.93	－4.59
净化大气环境	310.67	465.52	154.85
农田/草场防护	13.47	20.48	7.01
生物多样性保护	12.68	23.34	10.66
固碳制氧	0.12	0.08	－0.04
价值(合计)	374.38	557.57	183.19

由表6－9可以看出,2013年和2008年调整后的吉林森工集团森林生态系统服务总价值分别为557.57亿元和374.38亿元,2013年较2008年相比增加了183.19亿元。其中属净化大气环境服务价值增长最为明显。下图6－3为2008年和2013年吉林森工集团森林生态系统各项服务价值占总服务价值的比重情况。

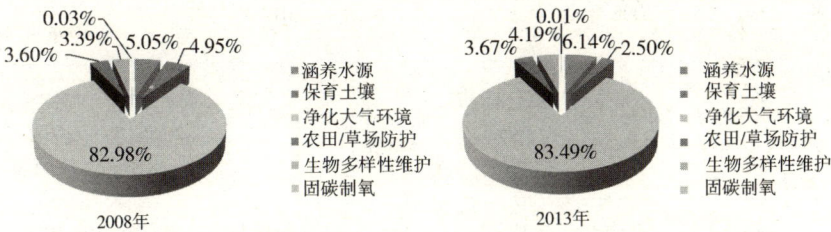

图6－3 吉林森工集团森林生态系统各项服务价值占总服务价值的比重

Figure6－3 The proportion of cases of service value of total service value of forest ecosystem in Jilin forest industry group

由图6－3可知,2008年吉林森工集团森林生态系统各项服务价值量依次为净化大气环境服务,共310.67亿元,占总服务价值的82.98%;涵养水源服务,共18.92亿元,占总服务价值的5.05%;保育土壤服务18.52亿元,占总服务价值的

4.95%;农田/草场防护服务13.47亿元,占总服务价值的3.6%;生物多样性保护服务12.68亿元,占总服务价值的3.39%;固碳制氧服务0.12亿元,占总服务价值的0.03%。

2013年吉林森工集团森林生态系统各项服务价值量依次为净化大气环境服务465.52亿元,占总服务价值的83.49%;涵养水源服务34.23亿元,占总服务价值的6.14%;生物多样性保护服务23.34亿元,占总服务价值的4.19%;农田/草场防护服务20.48亿元,占总服务价值的3.67%;保育土壤服务13.93亿元,占总服务价值的2.5%;固碳制氧服务0.08亿元,占总服务价值的0.01%。

(2)森林生态系统各项服务单位面积价值

现将森林生态系统各项服务分别进行定义:涵养水源服务为X_1、保育土壤为X_2、净化大气环境为X_3、农田/草场防护服务为X_4、生物多样性保护为X_5和固碳制氧服务为X_6,吉林森工集团森林生态系统各项服务单位面积价值对比分析如表6-10所示:

表6-10 吉林森工集团森林生态系统各服务单位面积价值对比分析

Table 6-10 Contrastive analysis about each service value per unit area of forest ecological system in Jilin forest industry group

各服务	2008年			2013年			2013年与2008年对比
—	服务价值（亿元）	森林总面积（hm²）	单位面积价值（万元/hm²）	服务价值（亿元）	森林总面积（hm²）	单位面积价值（万元/hm²）	单位面积价值（万元/hm²）
X_1	18.92	868140	0.22	34.23	1241931	0.28	0.06
X_2	18.52	868140	0.21	13.93	1241931	0.11	-0.10
X_3	310.67	868140	3.58	465.52	1241931	3.75	0.17
X_4	13.47	868140	0.16	20.48	1241931	0.16	0.01
X_5	12.68	868140	0.15	23.34	1241931	0.19	0.04
X_6	0.12	868140	0.00	0.08	1241931	0.00	0.00
总价值	374.38	868140	4.31	557.57	1241931	4.49	0.18

从以上数据可以看出,2013 年与 2008 年相比,在单位面积价值变化上,保育土壤服务价值有所减少,固碳制氧服务价值基本没有变化,其余各项生态系统的服务价值均有增加,其中净化大气环境服务价值增长最大。

6.3 本章小结

以往关于森林生态系统服务价值核算研究有很多,但研究仅集中于单一服务内容核算并把核算结果简单加总,未考虑不同森林生态系统服务价值采用的研究方法和遵循的理论基础不同的情况。针对不同的生态系统服务虽然评价结果都为价值量,表面上来看可直接进行相加,但不同内容是不同的矢量,直接相加会出现交叉影响和重复计算等情况,且有必要进行综合评价处理。本章针对此类问题,考虑组成森林生态系统服务价值多个内容之间的协同作用与重复累加等问题,利用因子分析法将众多的森林生态系统服务影响因素进行分类,将相关性较高的变量变为同组,使得不同组的变量之间不相关或相关性低,并利用因子贡献率给出各因子的权重,结合权重得到评价模型,利用该模型将第五章得到的森林生态系统服务价值进行调整,以使森林生态系统服务价值核算结果更加客观合理。结果显示调整后的 2013 年和 2008 年吉林森工集团森林生态系统服务价值分别为 557.57 亿元和 374.38 亿元,2013 年较 2008 年相比增加了 183.19 亿元;在单位面积价值变化上,除保育土壤服务价值有所减少,固碳制氧服务价值基本没有变化外,其余各项生态系统服务价值均有增加,以净化大气环境服务价值增加最多。评价的目的是提高全民环保意识,明确森林系统的生态主体地位和森林经营的管理目标,以实现吉林森工集团森林生态系统的可持续发展。

第七章

森林生态系统服务价值变化仿真预测研究

基于系统动力学的理论和方法,根据国家林业建设总体布局和吉林森工集团的林业发展实施规划,根据吉林森工集团森林资源状况和森林生态系统服务价值综合评价结果,设计了三套方案并应用 Vensim 软件对吉林森工集团在 2008—2020 年的森林生态系统服务价值变化进行仿真预测研究,并比较不同方案下的森林生态系统服务价值变化。

总体思路是根据 1996 - 2013 年的《中国林业统计年鉴》,分别得到吉林森工集团各年的新增造林面积和木材采伐量。在系统仿真模型中分别设定各方案下的年均新增造林面积和采伐量,并以 2008 年吉林森工集团八个林业局的森林经营方案数据为主进行仿真模拟得到 2013 年的仿真结果,将仿真结果与综合评价调整的结果进行对比,校正模型参数直至仿真与评价结果走向趋于一致,判定哪套方案能使 2020 年的吉林森工集团森林生态系统服务价值最大。仿真模拟预测研究对吉林森工集团的林业发展和战略制定都有着十分重要的意义。

7.1 系统仿真的引入

7.1.1 系统仿真的意义

在系统动力学产生初期,它主要被用于研究工业中的库存波动、股票波动和劳动力状态波动等问题。到了 20 世纪 70 年代,系统动力学仿真模型主要用于研究经济等复杂问题。目前它被广泛用于城市经济发展、区域经济、生态系统、企业管理,以及工程系统等许多领域,并相继获得成功,这极大地增强了人们运用系统仿真分析研究复杂问题的能力和信心。

在林业系统上,系统仿真也被许多学者广泛应用。赵道胜通过建立城市森林生态系统仿真模型,研究城市森林对噪声,以及滞尘的减缓程度(赵道胜,1988);李宏以汪清林业局为研究对象,通过建立东北过伐林区的系统仿真模型,对林区的分类经营、择伐面积、方式和强度等因素如何影响森林资源和产业结构进行动态研究(李宏,2000);施婷以低碳试点城市——保定为研究对象,通过建立碳排放的仿真模型,以研究碳排放发展趋势,为保定市的低碳农林业、畜牧业发展提出相关政策建议(施婷,2013);吴相利等以伊春林区为研究对象,通过对当地资源环境和经济关系进行系统仿真模拟,得到未来 20 年伊春林区的发展趋势,以期从人口、经济和资源环境三方面有效控制伊春林区发展走势(吴相利、庄海燕,2014)。

系统仿真研究的对象主要是非线性、多变量,以及高层次的开放系统,对生态、社会,以及经济系统有很强适用性。系统仿真研究的特点是对数据依赖程度低,主要是指系统经多次非线性反馈,表现出对外部扰动反映不灵敏的倾向,对系统参数变化迟钝,属于结构——功能模拟法。另外,系统行为还具有"反直观性",既可预测未来发展情况,也可回顾系统的历史行为,很容易解决了难以用数学行为表达的延期反应以及非线性过程等问题。系统仿真研究的主要目的是预测不同经营方案对资源和环境的影响,最终为决策者提供最佳方案。

构建系统仿真模型,首先需要将真实系统经特定抽象过程处理,并在计算机上转换为可调节控制的人工系统。由于森林资源具有长周期生长等特性,对其系统进行整体性结构调控十分困难。但利用计算机进行系统仿真模拟试验,不仅使多种备选方案的试验能够在短期完成,同时也提高了试验结果的实用价值。综合以上分析可以看到,对森林生态系统进行系统动态仿真模拟,不论是对未来森林资源变化状况,还是森林生态价值等预测方面都是必要且可行的。

针对有的学者批判系统动力学不能准确预测未来状况,即系统仿真模拟的精度问题。一些学者认为利用系统仿真来模拟森林资源发展状况,一般只是为了预测每种方案实施后的效果,而并不试图精确预测未来(赵道胜,1995)。另外,对于系统仿真模拟研究选取的模型结构大小同样是一些学者普遍讨论的问题,认为当建模目的是要反映系统长远行为或发展时,可简化建模过程;当要求较全面、真实地描述实际情况时,应尽可能精细建模过程(赵道胜,1988)。

本研究对吉林森工集团森林生态系统服务价值进行仿真研究,采用几种假设方案对吉林森工集团 2020 年森林生态系统服务价值进行预测。目的是预测未来各方案实施的长远效果,因此不要求数据的精确性,对建模过程可进行简化。系统仿真模拟研究对发展吉林森工集团的林业,林业发展战略的制定都有着十分重要的意义。

7.1.2　系统仿真的指标体系

(1)评价指标的概念界定

对森林生态系统服务价值进行评价,离不开必要的工具——评价指标。"指标"主要是指对标准某一方面的度量,可以定量或者定性地描述变量。评价指标将森林生态系统提供的价值作为系统来进行研究,提供了描述、检测以及评价价值的基本框架,并确定其具有的理论和实践意义。对于森林生态系统服务价值的评价指标如径流量、蒸散量,主要是用于描述森林具有涵养水源服务。

(2)森林生态系统评价指标体系的构建原则

由于森林生态系统服务具有多样性特点,对它的价值进行评价时应采用多种指标,建立能够反映森林资源本质特点和系统行为轨迹的"量化特征组合",以及能够衡量系统变化的"尺度标准"等一系列指标体系。只有这样才能更加科学地、系统地、全面地研究森林生态系统服务价值。

但对于森林生态系统评价指标体系的构建,应遵守以下几方面原则:

第一,系统性。在森林建设类型上,以及空间层次上,森林生态系统属于一个多层次、多属性且一直处于变化的综合体系。评价指标体系也应既能体现森林生态系统本身机制,又能促进系统服务的发挥,保持整个森林生态系统与周围环境,以及人类社会经济等系统的协调发展。

第二,可操作性。所选取的森林生态系统指标,必须是可监测易获取的且概念须明确。指标的选取是否具有实用性,对系统能否推广具有很重要的作用。

第三,全面性。森林生态系统服务评价指标体系作为统一的整体,应该尽可能真实地反映所要评价对象的主要特征,既要包含静态指标,又要包含动态指标,以全面地评价系统价值。

第四,独立性。对于指标体系的选取,除以上全面性需要注意外,还应该特别重视指标之间的独立性,尽可能地选取有代表性的主要综合指标。

第五,可比性。所选取指标应具有统一的量纲,以便于在不同地理区域上对同种类型的森林生态价值评价结果进行比较。

第六,可接受性。所选取的森林生态系统指标必须是能让大部分人理解且可接受的。

第七,科学性。必须建立在科学基础上来选取能反映森林生态系统本质的指标。

(3)评价指标体系的构建思路和方法

第一,筛选指标的思路。指标的选取务必要遵循以上七方面原则,因此指标筛选的思路应该是以前人研究成果的优良作为判断的基础,再根据研究对象的特征、结构以及功能等因素提出能反映本质内涵的指标体系,以便更加科学地、合理地开展评价工作。

第二,筛选指标的方法。筛选指标的方法主要有层次分析(AHP)、理论分析、专家咨询(德尔菲专家咨询法)和频度统计等方法。本研究指标体系的筛选主要采用了理论分析法、专家咨询法,以及频度统计法,以满足科学性和完备性原则。首先采用理论分析法和专家咨询法从国内外与森林生态系统研究相关的文献资料中,选择使用频度较高的指标。另外,根据吉林森工集团森林生态系统实际背景特征、生态条件等,选取最有代表性的指标。在此基础上,向有关专家咨询,对指标再筛选与调整,最终得到吉林森工集团森林生态系统服务价值评价指标体系。

7.1.3 系统仿真的模型选用

目前,学术界常用建模方法可分为:基于运筹学的建模方法(OR based Modeling Methods)、基于控制论的建模方法(Control theorists based Modeling Methods)、基于系统仿真的建模方法(Simulation based Modeling Methods),以及基于企业的建模方法(Enterprise model based Modeling Methods)。其中基于系统仿真的建模方法又主要包括:基于方程的方法(Equation based Modeling Methods)(主要为基于系统动力学的方法,System Dynamics based Modeling Methods)、基于离散事件仿真的

方法(Discrete Event Simulation based Modeling Methods)、基于多智能主体的建模仿真方法(Multi - Agent Simulation based Modeling Methods)等。

系统仿真(SD,system dynamics)主要是用来解决非线性复杂系统的问题。但可用线性规划能解决的问题如护士排班等,推荐使用 Lindo 等成熟的线性规划软件;当面临极其复杂的问题且无法找出关键性控制因素如管理团队的亚文化探索等,建议使用定性研究为主的方法,可尝试 MindMap,最为流行的软件有三款:Mindjet MindManager、inspiration、FreeMind。

应用系统动力学分析问题过程首先要明确建模目的,对系统分析以确定系统内部的反馈结构与其动态行为关系;其次,对系统结构分析,绘制系统流程图,进行参数设置以建立相关数学模型并调试;最终模拟在各种方案政策下的执行效果。其中相关的数学模型选用,目前通用的系统仿真软件主要有 Process Charter、Powersim、iThink 和 Vensim。四者的基本功能差之毫厘,很难分出优劣。Process Charter 软件提供了对离散事件成本分析的仿真分析,但不支持对连续事件的仿真,不允许用户建立自定义图形和导入控件;Powersim 的功能函数设计富于人性化,支持多用户的并发访问,但对离散事件的系统支持有限,较适合于商业应用;iThink 窗口设计丰富,但它在连续系统建模上不及 Powersim,却提供了更好的离散事件建模,较适合教学领域;而 Vensim 软件不但对系统要求不高,如一般的 Macintosh 系统与 Windows 操作系统均可正常运行,界面简洁、功能强大,应用极其简便。因此,本研究采用了 Vensim 系统仿真模型。

7.2 系统仿真模型构建

7.2.1 仿真模型主体方程

$$S_i(t) = S_i(t-1) + \Delta S(t) \tag{7-1}$$

$$\Delta S(t) = f[S_i(t)] + f[S_{i-1}(t)] \tag{7-2}$$

$$M^i(t) = S_i(t) \times PM_i(t) \tag{7-3}$$

$$B_i(t) \times PB_i(t) \tag{7-4}$$

上式中:$S_i(t)$ - 第 i 龄级面积;

式(7-3)中,M_i – 第 i 龄级蓄积;$PM_i(t)$ – 第 i 龄级单位面积蓄积量;

式(7-4)中,$B_i(t)$ – 第 i 龄级价值量;$PB_i(t)$ – 第 i 龄级单位面积价值量。

7.2.2 仿真模型构建流程图

由于研究所涉及吉林森工集团不同森林生态系统服务流程相同,因此,各林种采取相同的流程图设计。以水曲柳为例对吉林森工集团森林生态系统服务价值系统仿真流程图结构进行说明,具体如图7-1所示:

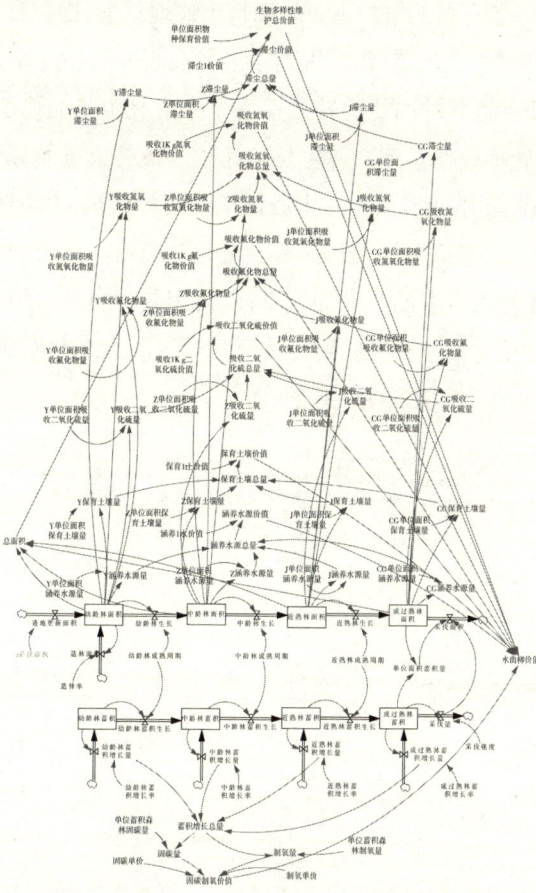

图7-1 吉林森工集团森林生态系统服务价值仿真流程图(以水曲柳为例)

Figure 7-1 The flow chart of simulation of forest ecosystem service values in Jilin forest industry group(Taking fraxinus mandshurica for example)

一个系统的存量和流量结构决定了其系统的动态性。通常情况下,某物料的输入和输出过程,一般情况下存有延迟现象,此过程中的物料是守恒的,即物料不增不减。但在延迟的过程中,中间阶段也同样存有输入和输出流,此类情况即可利用老化链来表示系统的存量和流量结构。如该森林生态系统服务仿真研究即利用了此理论和方法。

森林生态系统中的森林面积、蓄积及其结构,在不同的时空变域中,都会受到自然界以及人为等外界因素的干扰而变化,将森林系统主要分为各林龄的面积和蓄积两部分。森林生态系统存量的增加主要是来自于迹地更新,指在有林地面积上进行的再生产和新造林面积。从幼龄林面积到中龄林面积的转换速率是幼龄林生长的速度;从中龄林面积到近熟林面积的转换速率是中龄林生长的速度;从近熟林面积到成过熟林面积的转换速率是近熟林生长的速度。最终成过熟林面积存量因为人工采伐(自然灾害)的发生而减少。其中假设了幼龄林面积、中龄林面积、近熟林面积的减少速率小到可以忽略不计。这样整个老化链的唯一输出即成过熟林面积的减少速率。因此,虽然每个群的生命周期不同,且因外界自然环境及人为因素而变化,森林系统的老化链等同于一个四阶物质延迟,蓄积变化的仿真研究也是如此。

图 7 - 1 又可分为以下几部分(图 7 - 2):

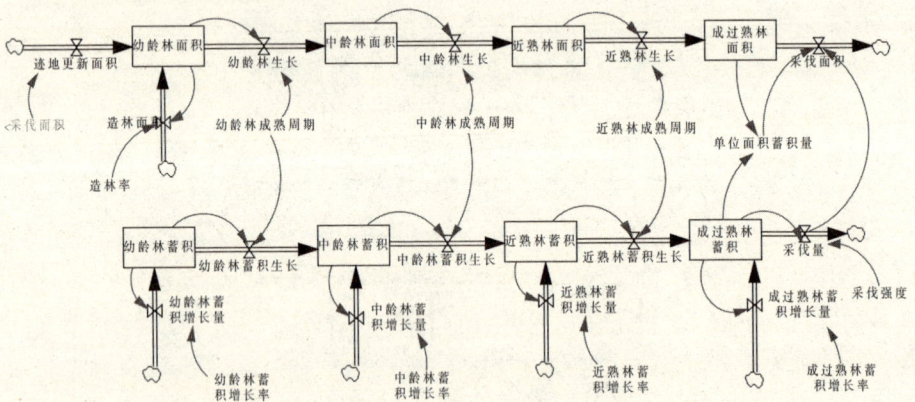

图 7 - 2 吉林森工集团森林生态系统服务价值仿真流程图(第 I 部分)

Figure 7 - 2 The flow chart of simulation of forest ecosystem service values in Jilin forest industry group(Part 1)

由图 7-2 可知,迹地更新地可通过人工造林使之变为幼龄林,幼龄林会依次生长为中龄林、近熟林,以及成过熟林。在这过程中,会因为自然灾害或者人为因素,使成过熟林又变为迹地更新地。上述变化及因素都已包含在系统流程图的信息反馈链条中(图 7-3)。

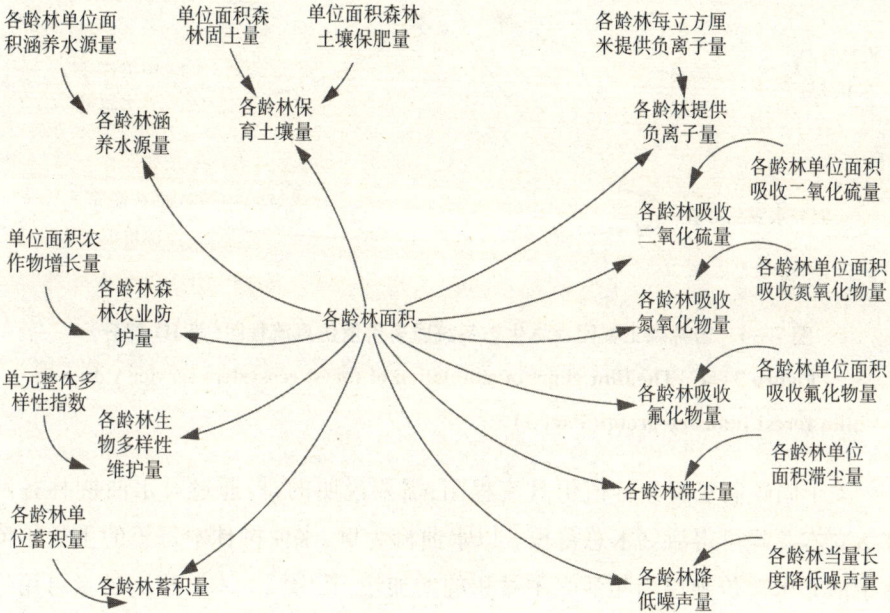

图 7-3 吉林森工集团森林生态系统服务价值仿真流程图(第 II 部分)

Figure 7-3 The flow chart of simulation of forest ecosystem service values in Jilin forest industry group(Part 2)

由 7-3 仿真流程图可以看出,通过不同林龄各项生态系统服务价值的变化可得到总价值。以涵养水源服务为例,涵养水源价值 = 幼龄林涵养水源价值 + 中龄林涵养水源价值 + 近熟林涵养水源价值 + 成过熟林涵养水源价值,与此计算同样的还有保育土壤服务、净化大气环境服务和生物多样性保护服务等,具体如图 7-4 所示:

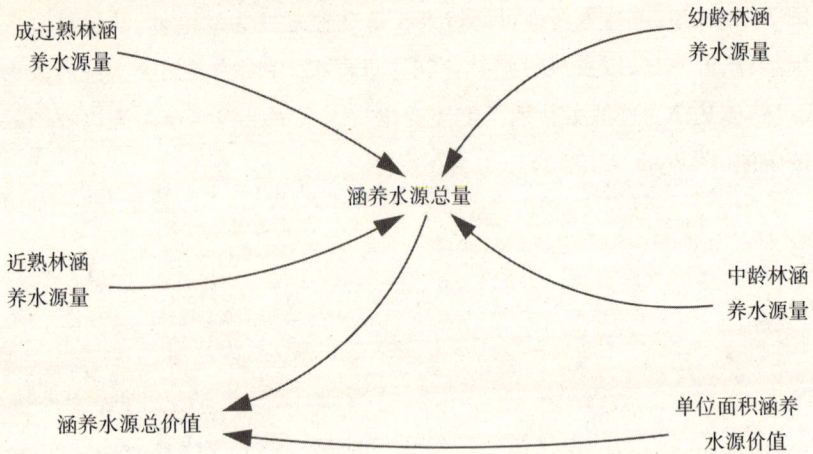

图7-4 吉林森工集团森林生态系统服务价值仿真流程图（第Ⅲ部分）

Figure 7-4 The flow chart of simulation of forest ecosystem service values in Jilin forest industry group（Part 3）

关于固碳制氧服务价值仿真流程图,需要说明的是:通过对水曲柳林各龄林活立木蓄积可得活立木总蓄积。以水曲柳为例,水曲柳林木每年的生长价值等于活立木单价乘以当年活立木蓄积的增加量,其中活立木蓄积增加量可用当年活立木蓄积量减去上一年活立木蓄积量求得。吉林森工集团每年森林新增的蓄积量等于活立木蓄积的增加量、人工采伐量与自然灾害蓄积量之和。固碳制氧服务价值即每年森林新增蓄积量乘以木材固碳制氧的单位价值,具体如图7-5所示:

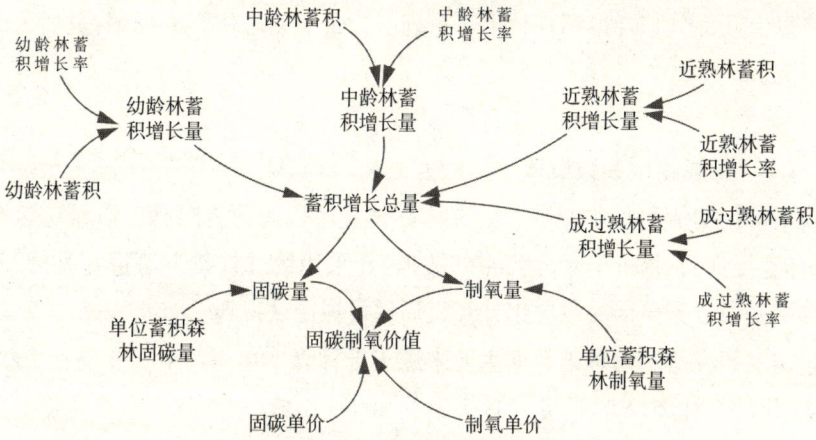

图 7 – 5　吉林森工集团森林生态系统服务价值仿真流程图(第 IV 部分)

Figure 7 – 5　The flow chart of simulation of forest ecosystem service values in Jilin forest industry group(Part 4)

由涵养水源价值、保育土壤价值、净化大气环境价值、生物多样性保护价值和固碳制氧价值,得出吉林森工集团总的森林生态系统服务价值如图 7 – 6 所示:

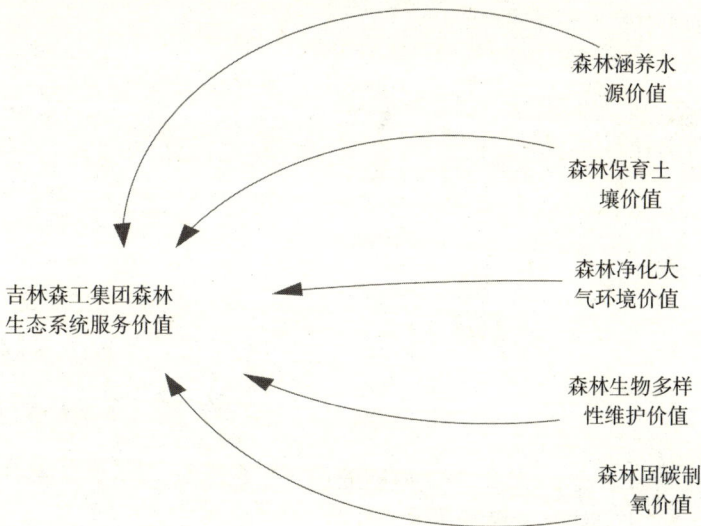

图 7 – 6　吉林森工集团森林生态系统服务价值仿真流程图(第 V 部分)

Figure 7 – 6　The flow chart of simulation of forest ecosystem service values in Jilin forest industry group(Part 5)

将以上几部分综合得到森林生态系统服务价值动态仿真流程图,最后再进行仿真研究。

7.2.3 仿真模型参数设置

模型所用初值和参数主要依据吉林省林业厅资源司、计划处,以及综合财政厅、吉林省统计局、物价局对外公布的数据,并采用统计计量方法进行处理,只有少数参数是由专家咨询法或应用计算机局部模拟调试得到。

该仿真研究所用的基础数据主要来源于吉林森工集团八个林业局在 2008 年和 2013 年的森林经营方案,并对各方案在 2008—2020 年森林生态系统服务的实物量和价值量变化进行模拟研究。2008 年,吉林森工集团的具体森林状况如表 7 - 1 所示:

表 7 - 1 2008 年吉林森工集团森林状况

Table 7 -1 Forest conditions of Jilin province in 2008

龄组	指标	—
幼龄林	面积(hm²)	156901. 31
	蓄积(m³)	7324929. 90
中龄林	面积(hm²)	245136. 60
	蓄积(m³)	19413669. 95
近熟林	面积(hm²)	234233. 94
	蓄积(m³)	41410977. 01
成过林	面积(hm²)	277182. 91
	蓄积(m³)	58598063. 50
总计	面积(hm²)	938454. 57
	蓄积(m³)	126793421. 53

7.2.4　仿真模型预测方案

1998 年,我国长江流域和松花江、嫩江流域发生特大洪灾,国家决定在四川、云南、东北和内蒙古等共 12 个省(区)的国有林区开展天保工程试点。吉林省作为我国重点林业省份之一,1998 年开始天保工程试点,2000 年 10 月国务院批准了《东北、内蒙古等重点国有林区天然林资源保护工程实施方案》,2000 年正式运行,工程一期期限为 2000—2010 年。停止东北、内蒙古重点国有林区森林资源长期的超强度采伐,恢复和发展森林资源是一项长期任务,国家为巩固天保一期工程的建设成果,实施了天保二期工程,时间为 2011—2020 年。吉林森工集团自实施天保工程,林区的林地面积与林木蓄积量实现了双增长,森林自然生产力得到了有效恢复。林区经济也从偏重于木材生产转移到严格保护、合理利用森林资源。

天保工程通过增加造林面积,减少木材采伐量等手段提高林木生长量、林地产出效率,增加资源储备。本研究在系统仿真模型中分别设定各方案下的年均新增造林面积和木材采伐量,以求得各方案下吉林森工集团在 2008—2020 年森林生态系统服务价值,并判定何种方案下森林提供的生态服务价值最大。

根据 1996—2013 年《中国林业统计年鉴》,分别查得吉林森工集团各年新增造林面积和木材采伐量如表 7 - 2 所示:

表 7 - 2　1996—2013 年吉林森工集团造林面积和木材产量

Table 7 - 2　Afforestation area and timber yield in Jilin forest industry group from 1996 to 2013

阶段	年份	新增造林面积(hm^2)	木材采伐量(m^3)
未实施天保工程	1996	1530	1781000
	1997	3030	1645200
	1998	10510	1439900
	1999	26480	1319400

续表

阶段	年份	新增造林面积(hm²)	木材采伐量(m³)
	2000	20883	1209300
	2001	13634	1055014
	2002	1319	1008242
	2003	1927	966541
	2004	958	967021
天保工程一期	2005	164	907475
	2006	1251	922865
	2007	32	904871
	2008	–	863198
	2009	–	904960
	2010	–	1080030
	2011	4	928219
天保工程二期	2012	–	616518
	2013	2669	775916
	2015	–	0

资料来源:1996—2013 年《中国林业统计年鉴》。

方案一:取 1996—1999 年未实施天保工程的吉林森工集团年均新增造林面积为 10387.5hm²,平均木材采伐量为 1546375m³。

方案二:取 2000—2013 年实施天保工程的吉林森工集团年均新增造林面积为 4284.1hm²,平均木材采伐量为 936440.7m³。

方案三:2015 年,国家全面停止了对吉林国有林区的商业性采伐,即木材采伐量为 0m³,取实施天保工程的年均造林面积为 4284.1hm²。

7.3　森林生态系统服务的实物量和价值量变化分析

通过仿真模拟预测研究,得到各方案在 2008—2020 年森林生态系统服务的实物量和价值量预测结果。

7.3.1　方案一

7.3.1.1　实物量仿真预测分析

采用仿真方案一,求得 2008—2020 年吉林森工集团森林生态系统服务的实物量结果如表 7 - 3 所示:

表 7 - 3　吉林森工集团森林生态系统服务实物量预测结果(方案一)

Table 7 - 3　Forecasted results of converting of forest ecosystem services in Jilin forest industry group (the first project)

年份	涵养水源量(m³)	保育土壤量(t)	吸收SO₂量(kg)	吸收氟化物量(kg)	吸收氮氧化物量(kg)	滞尘量(kg)	固碳量(t)	制氧量(t)
2008	2.00E+09	4.51E+06	4.75E+09	1.29E+08	2.28E+08	7.42E+11	4.89E+05	2.59E+05
2009	1.82E+09	3.45E+06	3.92E+09	1.15E+08	1.95E+08	3.08E+11	3.68E+05	1.57E+05
2010	2.00E+09	3.80E+06	4.32E+09	1.27E+08	2.15E+08	3.40E+11	4.26E+05	1.82E+05
2011	2.24E+09	4.27E+06	4.85E+09	1.42E+08	2.41E+08	3.81E+11	4.92E+05	2.11E+05
2012	2.56E+09	4.87E+06	5.53E+09	1.62E+08	2.75E+08	4.35E+11	5.70E+05	2.44E+05
2013	2.97E+09	5.64E+06	6.41E+09	1.88E+08	3.19E+08	1.09E+12	6.58E+05	2.82E+05
2014	3.50E+09	6.66E+06	7.56E+09	2.22E+08	3.77E+08	1.29E+12	7.60E+05	3.26E+05
2015	4.20E+09	7.98E+06	9.06E+09	2.65E+08	4.51E+08	1.54E+12	8.76E+05	3.75E+05
2016	5.10E+09	9.69E+06	1.10E+10	3.22E+08	5.48E+08	1.87E+12	1.01E+06	4.32E+05
2017	6.27E+09	1.19E+07	1.35E+10	3.96E+08	6.74E+08	2.30E+12	1.16E+06	4.96E+05
2018	7.79E+09	1.48E+07	1.68E+10	4.93E+08	8.38E+08	2.86E+12	1.32E+06	5.67E+05
2019	9.77E+09	1.86E+07	2.11E+10	6.18E+08	1.05E+09	3.59E+12	1.51E+06	6.47E+05
2020	1.23E+10	2.35E+07	2.67E+10	7.80E+08	1.33E+09	4.53E+12	1.72E+06	7.36E+05

由表7-3的数据可以看出,方案一预测的2013年吉林森工集团森林生态系统所提供的各项服务实物量与核算得到的实物量趋于一致;而2020年吉林森工集团森林生态系统所提供的涵养水源实物量为$1.23 \times 10^{10} m^3$,保育土壤实物量为$2.35 \times 10^7 t$,吸收SO_2实物量为$2.67 \times 10^{10} kg$,吸收氟化物实物量为$7.80 \times 10^8 kg$,吸收氮氧化物实物量为$1.33 \times 10^9 kg$,滞尘实物量为$4.53 \times 10^{12} kg$,固碳实物量为$1.72 \times 10^6 t$,制氧实物量为$7.36 \times 10^5 t$。

7.3.1.2 价值量仿真预测分析

采用仿真方案一得到2008—2020年吉林森工集团森林生态系统服务的价值量结果,并将得到的价值量结果利用综合评价模型进行了调整,最终结果如表7-4所示:

表7-4 吉林森工集团森林生态系统服务价值量预测结果(方案一)(元)

Table 7-4 Forecasted results of valuable of forest ecosystem services in Jilin forest industry group(the first project)(yuan)

年	涵养水源价值	保育土壤价值	吸收SO_2价值	吸收氟化物价值	吸收氮氧化物价值	滞尘价值	生物多样性保护价值	固碳制氧价值
2008	1.90E+09	1.91E+09	1.23E+09	5.99E+06	5.10E+07	2.97E+10	1.30E+09	1.20E+07
2009	2.06E+09	8.69E+08	1.34E+09	6.51E+06	5.54E+07	3.22E+10	1.42E+09	4.53E+06
2010	2.28E+09	9.59E+08	1.48E+09	7.18E+06	6.11E+07	3.56E+10	1.56E+09	5.24E+06
2011	2.55E+09	1.07E+09	1.65E+09	8.05E+06	6.85E+07	3.99E+10	1.75E+09	6.07E+06
2012	2.91E+09	1.23E+09	1.89E+09	9.18E+06	7.81E+07	4.55E+10	2.00E+09	7.02E+06
2013	3.38E+09	1.42E+09	2.19E+09	1.07E+07	9.06E+07	5.28E+10	2.32E+09	8.11E+06
2014	3.98E+09	1.68E+09	2.58E+09	1.26E+07	1.07E+08	6.22E+10	2.73E+09	9.37E+06
2015	4.77E+09	2.01E+09	3.09E+09	1.50E+07	1.28E+08	7.45E+10	3.27E+09	1.08E+07
2016	5.79E+09	2.44E+09	3.76E+09	1.83E+07	1.56E+08	9.05E+10	3.98E+09	1.24E+07
2017	7.12E+09	3.00E+09	4.62E+09	2.25E+07	1.91E+08	1.11E+11	4.89E+09	1.43E+07
2018	8.85E+09	3.73E+09	5.74E+09	2.79E+07	2.38E+08	1.38E+11	6.08E+09	1.63E+07
2019	1.11E+10	4.68E+09	7.20E+09	3.50E+07	2.98E+08	1.74E+11	7.62E+09	1.86E+07
2020	1.40E+10	5.91E+09	7.82E+09	3.81E+07	3.24E+08	1.89E+11	9.63E+09	2.12E+07

由表7-4的数据可以看出,预测的2013年吉林森工集团森林生态系统所提

供的各项服务价值与核算得到的价值趋于一致;而 2020 年吉林森工集团森林生态系统所提供的涵养水源价值量为 1.4×1010 元,保育土壤价值量为 5.91×109 元,吸收 SO_2 价值量为 7.82×109 元,吸收氟化物价值量为 3.81×107 元,吸收氮氧化物价值量为 3.24×108 元,滞尘价值量为 1.89×1011 元,生物多样性保护价值量为 9.63×109 元,固碳制氧价值为 2.12×107 元。

7.3.2 方案二

7.3.2.1 实物量仿真预测分析

采用仿真方案二求得 2008—2020 年吉林森工集团森林生态系统服务的实物量,具体结果如表 7 -5 所示:

表 7 -5 吉林森工集团森林生态系统服务实物量预测结果(方案二)

Table 7 -5 Forecasted results of converting of forest ecosystem services in Jilin forest industry group(the second project)

年份	涵养水源量 (m^3)	保育土壤量 (t)	吸收 SO_2 量 (kg)	吸收氟化物量(kg)	吸收氮氧化物量(kg)	滞尘量(kg)	固碳量(t)	制氧量(t)
2008	2.00E+09	4.51E+06	4.75E+09	1.29E+08	2.28E+08	7.42E+11	4.89E+05	2.59E+05
2009	2.17E+09	4.88E+06	4.82E+09	1.37E+08	2.35E+08	7.48E+11	5.23E+05	2.61E+05
2010	2.29E+09	5.26E+06	5.09E+09	1.41E+08	2.42E+08	7.53E+11	5.45E+05	2.65E+05
2011	2.35E+09	5.37E+06	5.15E+09	1.57E+08	2.51E+08	7.68E+11	5.64E+05	2.69E+05
2012	2.56E+09	5.52E+06	5.53E+09	1.72E+08	2.76E+08	7.85E+11	5.80E+05	2.74E+05
2013	2.97E+09	5.65E+06	6.42E+09	1.88E+08	3.20E+08	1.09E+12	6.58E+05	2.82E+05
2014	3.51E+09	6.67E+06	7.58E+09	2.22E+08	3.77E+08	1.29E+12	7.60E+05	3.26E+05
2015	4.21E+09	8.00E+06	9.08E+09	2.66E+08	4.52E+08	1.54E+12	8.76E+05	3.75E+05
2016	5.11E+09	9.72E+06	1.10E+10	3.23E+08	5.50E+08	1.88E+12	1.01E+06	4.32E+05
2017	6.29E+09	1.20E+07	1.36E+10	3.98E+08	6.77E+08	2.31E+12	1.16E+06	4.96E+05
2018	7.83E+09	1.49E+07	1.69E+10	4.95E+08	8.42E+08	2.87E+12	1.32E+06	5.67E+05
2019	9.82E+09	1.87E+07	2.12E+10	6.21E+08	1.06E+09	3.61E+12	1.51E+06	6.47E+05
2020	1.24E+10	2.36E+07	2.68E+10	7.85E+08	1.33E+09	4.56E+12	1.72E+06	7.36E+05

由表 7 -5 的数据可以看出,方案二预测的 2013 年吉林森工集团森林生态系

统所提供的各项服务实物量与核算得到的实物量趋于一致;而 2020 年吉林森工集团森林生态系统所提供的涵养水源实物量为 $1.24 \times 1010\text{m}^3$,保育土壤实物量为 $2.36 \times 107\text{t}$,吸收 SO_2 实物量为 $2.68 \times 1010\text{kg}$,吸收氟化物实物量为 $7.85 \times 108\text{kg}$,吸收氮氧化物实物量为 $1.33 \times 109\text{kg}$,滞尘实物量为 $4.56 \times 1012\text{kg}$,固碳实物量为 $1.72 \times 106\text{t}$,制氧实物量为 $7.36 \times 105\text{t}$。

7.3.2.2　价值量仿真预测分析

采用仿真方案二得到 2008—2020 年吉林森工集团森林生态系统服务的价值量结果,并将得到的价值量结果利用综合评价模型进行了调整,最终结果如表 7 - 6 所示:

表 7 - 6　吉林森工集团森林生态系统服务价值量预测结果(方案二)(元)

Table 7 - 6　Forecasted results of valuable of forest ecosystem services in Jilin forest industry group(the second project)(yuan)

年份	涵养水源价值	保育土壤价值	吸收 SO_2价值	吸收氟化物价值	吸收氮氧化物价值	滞尘价值	生物多样性保护价值	固碳制氧价值
2008	1.90E +09	1.91E +09	1.05E +09	5.12E +06	4.36E +07	2.54E +10	1.30E +09	1.20E +07
2009	2.06E +09	8.69E +08	1.14E +09	5.57E +06	4.73E +07	2.76E +10	1.42E +09	4.53E +06
2010	2.28E +09	9.59E +08	1.26E +09	6.14E +06	5.22E +07	3.04E +10	1.56E +09	5.24E +06
2011	2.55E +09	1.08E +09	1.41E +09	6.88E +06	5.86E +07	3.41E +10	1.75E +09	6.07E +06
2012	2.91E +09	1.23E +09	1.61E +09	7.85E +06	6.68E +07	3.89E +10	2.00E +09	7.02E +06
2013	3.38E +09	1.42E +09	1.87E +09	9.12E +06	7.76E +07	4.52E +10	2.32E +09	8.11E +06
2014	6.44E +09	2.82E +09	3.62E +09	1.92E +07	1.46E +08	8.45E +10	4.40E +09	1.48E +07
2015	8.07E +09	3.47E +09	4.43E +09	1.94E +07	1.65E +08	9.59E +10	4.92E +09	1.62E +07
2016	1.02E +10	4.43E +09	5.28E +09	2.81E +07	2.75E +08	1.20E +11	6.44E +09	1.67E +07
2017	1.19E +10	5.42E +09	8.36E +09	3.80E +07	3.36E +08	1.49E +11	8.87E +09	1.75E +07
2018	1.38E +10	6.78E +09	1.04E +10	4.37E +07	4.26E +08	2.39E +11	1.07E +10	1.88E +07
2019	1.98E +10	7.49E +09	1.24E +10	5.58E +07	5.34E +08	3.14E +11	1.18E +10	1.95E +07
2020	2.12E +10	8.91E +09	1.37E +10	6.65E +07	5.66E +08	3.29E +11	1.45E +10	2.12E +07

由表 7 - 6 的数据可以看出,预测的 2013 年吉林森工集团森林生态系统所提

供的各项服务价值与核算得到的价值趋于一致;而2020年吉林森工集团森林生态系统所提供的涵养水源价值量为2.12×1010元,保育土壤价值量为8.91×109元,吸收 SO_2 价值量为1.37×1010元,吸收氟化物价值量为6.65×107元,吸收氮氧化物价值量为5.66×108元,滞尘价值量为3.29×1011元,生物多样性保护价值量为1.45×1010元,固碳制氧价值量为2.12×107元。

7.3.3 方案三

7.3.3.1 实物量仿真预测分析

同样,采用仿真方案三求得2008—2020年吉林森工集团森林生态系统服务的实物量,具体结果如表7-7所示:

表7-7 吉林森工集团森林生态系统服务实物量预测结果(方案三)

Table 7-7 Forecasted results of converting of forest ecosystem services in Jilin forest industry group(the third project)

年份	涵养水源量(m^3)	保育土壤量(t)	吸收SO_2量(kg)	吸收氟化物量(kg)	吸收氮氧化物量(kg)	滞尘量(kg)	固碳量(t)	制氧量(t)
2008	2.00E+09	4.51E+06	4.75E+09	1.29E+08	2.25E+08	7.44E+11	4.89E+05	2.59E+05
2009	2.02E+09	4.53E+06	4.82E+09	1.37E+08	2.30E+08	7.58E+11	5.12E+05	2.61E+05
2010	2.09E+09	5.07E+06	4.91E+09	1.45E+08	2.39E+08	7.63E+11	5.25E+05	2.68E+05
2011	2.11E+09	5.18E+06	5.04E+09	1.52E+08	2.46E+08	8.31E+11	5.42E+05	2.72E+05
2012	2.14E+09	5.28E+06	5.39E+09	1.67E+08	2.63E+08	8.50E+11	5.69E+05	2.85E+05
2013	3.20E+09	5.66E+06	6.57E+09	1.91E+08	3.18E+08	1.12E+12	6.58E+05	2.94E+05
2014	5.01E+09	8.86E+06	1.03E+10	2.98E+08	4.98E+08	1.76E+12	7.60E+05	3.40E+05
2015	8.09E+09	1.43E+07	1.66E+10	4.82E+08	8.04E+08	2.84E+12	8.76E+05	3.92E+05
2016	1.33E+10	2.36E+07	2.73E+10	7.93E+08	1.32E+09	4.67E+12	1.01E+06	4.51E+05
2017	2.22E+10	3.93E+07	4.56E+10	1.32E+09	2.21E+09	7.79E+12	1.16E+06	5.18E+05
2018	3.74E+10	6.61E+07	7.67E+10	2.22E+09	3.71E+09	1.31E+13	1.32E+06	5.93E+05
2019	6.31E+10	1.12E+08	1.30E+11	3.76E+09	6.27E+09	2.21E+13	1.51E+06	6.76E+05
2020	1.07E+11	1.89E+08	2.19E+11	6.36E+09	1.06E+10	3.75E+13	1.72E+06	7.69E+05

由表7-7的数据可以看出,预测的2013年吉林森工集团森林生态系统所提

供的各项服务实物量与第五章核算得到的实物量趋于一致;而 2020 年吉林森工集团森林生态系统所提供的涵养水源实物为 $1.07 \times 10^{11} m^3$,保育土壤实物量为 $1.89 \times 10^8 t$,吸收 SO_2 实物量为 $2.19 \times 10^{11} kg$,吸收氟化物实物量为 $6.36 \times 10^9 kg$,吸收氮氧化物实物量为 $1.06 \times 10^{10} kg$,滞尘实物量为 $3.75 \times 10^{13} kg$,固碳实物量为 $1.72 \times 10^6 t$,制氧实物量为 $7.69 \times 10^5 t$。

7.3.3.2 价值量仿真预测分析

采用仿真方案三得到 2008—2020 年吉林森工集团森林生态系统服务的价值量结果,并将得到的价值量结果利用综合评价模型进行调整,最终结果如表 7 - 8 所示:

表 7 - 8 吉林森工集团森林生态系统服务价值量预测结果(方案三)(元)

Table 7 - 8 Forecasted results of valuable of forest ecosystem services in Jilin forest industry group(the third project)(yuan)

年份	涵养水源价值	保育土壤价值	吸收 SO_2 价值	吸收氟化物价值	吸收氮氧化物价值	滞尘价值	生物多样性保护价值	固碳制氧价值
2008	1.90E + 09	1.90E + 09	1.63E + 09	2.57E + 07	4.00E + 07	3.17E + 10	1.30E + 09	1.20E + 07
2009	1.93E + 09	1.82E + 09	1.64E + 09	2.62E + 07	4.34E + 07	3.29E + 10	1.33E + 09	1.16E + 07
2010	1.96E + 09	1.72E + 09	1.66E + 09	2.64E + 07	4.63E + 07	3.51E + 10	1.34E + 09	1.10E + 07
2011	2.01E + 09	1.65E + 09	1.78E + 09	2.68E + 07	5.09E + 07	3.83E + 10	1.35E + 09	1.06E + 07
2012	2.24E + 09	1.54E + 09	2.08E + 09	2.72E + 07	5.54E + 07	4.37E + 10	1.66E + 09	9.11E + 06
2013	3.36E + 09	1.44E + 09	2.25E + 09	2.89E + 07	5.74E + 07	4.57E + 10	2.49E + 09	8.35E + 06
2014	5.24E + 09	2.25E + 09	3.51E + 09	4.54E + 07	9.00E + 07	7.14E + 10	3.90E + 09	9.68E + 06
2015	8.46E + 09	3.63E + 09	5.69E + 09	7.31E + 07	1.45E + 08	1.15E + 11	6.29E + 09	1.11E + 07
2016	1.40E + 10	5.97E + 09	9.37E + 09	1.21E + 08	2.39E + 08	1.90E + 11	1.04E + 10	1.28E + 07
2017	2.33E + 10	1.20E + 10	1.56E + 10	2.01E + 08	4.00E + 08	3.17E + 11	1.73E + 10	1.47E + 07
2018	3.91E + 10	2.01E + 10	2.63E + 10	3.37E + 08	6.71E + 08	5.31E + 11	2.90E + 10	1.68E + 07
2019	6.60E + 10	3.39E + 10	4.43E + 10	5.71E + 08	1.13E + 09	9.00E + 11	4.90E + 10	1.92E + 07
2020	1.12E + 11	5.74E + 10	7.51E + 10	9.66E + 08	1.92E + 09	1.52E + 12	1.72E + 11	2.18E + 07

由上表 7 - 8 的数据可以看出,预测的 2013 年吉林森工集团森林生态系统所

提供的各项服务价值量与核算得到的价值量趋于一致;而2020年吉林森工集团森林生态系统所提供的涵养水源价值量为 1.12×10^{11} 元,保育土壤价值量为 5.74×10^{10} 元,吸收 SO_2 价值量为 7.51×10^{10} 元,吸收氟化物价值量为 9.66×10^8 元,吸收氮氧化物价值量为 1.92×10^9 元,滞尘价值量为 1.52×10^{12} 元,生物多样性保护价值量为 1.72×10^{11} 元,固碳制氧价值量为 2.18×10^7 元。

7.4 不同方案的价值变化仿真预测分析

7.4.1 实物量仿真预测分析

将不同方案预测的2020年吉林森工集团森林生态系统服务实物量结果进行对比,具体结果如表7-9所示:

表7-9 各方案下吉林森工集团森林生态系统服务实物量预测结果

Table 7-9 Forecasted results of converting of forest ecosystem services under different project

项目	方案一	方案二	方案三	方案三较方案一的增加量	方案三较方案二的增加量	方案二较方案一的增加量
涵养水源(m^3)	1.23E+10	1.24E+10	1.07E+11	9.47E+10	9.46E+10	1.00E+08
保育土壤(t)	2.35E+07	2.36E+07	1.89E+08	1.66E+08	1.65E+08	1.00E+05
SO_2(kg)	2.67E+10	2.68E+10	2.19E+11	1.92E+11	1.92E+11	1.00E+08
氟化物(kg)	7.80E+08	7.85E+08	6.36E+09	5.58E+09	5.58E+09	5.00E+06
氮氧化物(kg)	1.33E+09	1.33E+09	1.06E+10	9.27E+09	9.27E+09	0.00E+00
滞尘(kg)	4.53E+12	4.56E+12	3.75E+13	3.30E+13	3.29E+13	3.00E+10
固碳(t)	1.72E+06	1.72E+06	1.72E+06	0.00E+00	0.00E+00	0.00E+00
制氧(t)	7.36E+05	7.36E+05	7.69E+05	3.30E+04	3.30E+04	0.00E+00

由表7-9的数据可以看出,在2020年,方案三各项森林生态系统服务的实

物量均为最大。方案二较方案一,吸收氮氧化物、固碳和制氧实物量基本持平,其余方案二各项服务的实物量都多于方案一。

7.4.2　价值量仿真预测分析

同样将不同方案预测的 2020 年吉林森工集团森林生态系统服务的价值量结果进行对比分析,具体结果如表 7 – 10 所示:

表 7 – 10　各方案下吉林森工集团森林生态系统服务价值量预测结果(元)

Table 7 – 10　Forecasted results of valuable of forest ecosystem services under different project(yuan)

项目	方案一	方案二	方案三	方案三较方案一的增加量	方案三较方案二的增加量	方案二较方案一的增加量
涵养水源	1.40E + 10	2.12E + 10	1.12E + 11	9.80E + 10	9.08E + 10	7.20E + 09
保育土壤	5.91E + 09	8.91E + 09	5.74E + 10	5.15E + 10	4.85E + 10	3.00E + 09
SO_2	7.82E + 09	1.37E + 10	7.51E + 10	6.73E + 10	6.14E + 10	5.88E + 09
氟化物	3.81E + 07	6.65E + 07	9.66E + 08	9.28E + 08	9.00E + 08	2.84E + 07
氮氧化物	3.24E + 08	5.66E + 08	1.92E + 09	1.60E + 09	1.35E + 09	2.42E + 08
滞尘	1.89E + 11	3.29E + 11	1.52E + 12	1.33E + 12	1.19E + 12	1.40E + 11
生物多样性保护	9.63E + 09	1.45E + 10	1.72E + 11	1.62E + 11	1.58E + 11	4.87E + 09
固碳制氧	2.12E + 07	2.12E + 07	2.18E + 07	6.00E + 05	6.00E + 05	0.00E + 00

7.5　价值总量变化仿真预测分析

不同方案下的吉林森工集团森林生态系统服务价值总量的变化趋势如图 7 – 7 所示:

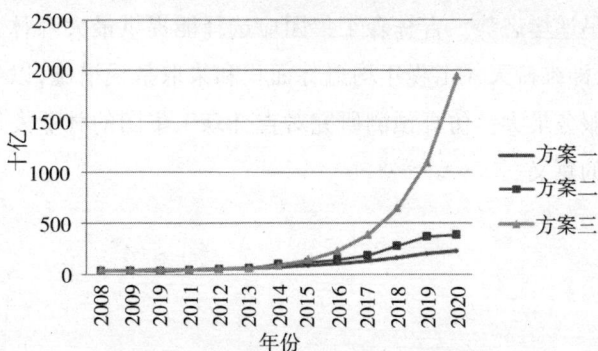

图 7 - 7　各方案吉林森工集团森林生态系统服务价值总量变化趋势

Figure 7 - 7　The total value change trend of forest ecosystem services
under different scheme in Jilin forest industry group

由图 7 - 7 可以看出：不同方案下吉林森工集团森林生态系统服务价值都随着时间的推移呈现递增态势。方案一的森林生态系统服务价值由 2008 年的 361.09 亿元增长到 2020 年的 2267.43 亿元；方案二的森林生态系统服务价值由 2008 年的 316.21 亿元增长到 2020 年的 3879.64 亿元；方案三的森林生态系统服务价值以 2015 年为拐点增长较明显，由 2008 年的 385.08 亿元增长到 2020 年的 19394.08 亿元。维持天保工程年均新增造林面积和采取禁伐措施，即方案三产生的森林生态系统服务价值最大，因此，吉林森工集团应选择此方案。

7.6　本章小结

本章基于系统动力学的理论和方法，根据国家对林业建设的总体布局和吉林森工集团林业发展的实施规划，通过吉林森工集团森林资源状况和森林生态系统服务价值综合评价结果，设计三套方案并应用 Vensim 软件对吉林森工集团 2008—2020 年森林生态系统服务价值进行仿真预测，比较不同方案下的森林生态系统服务价值。结果显示：不同方案下的吉林森工集团森林生态系统服务价值都随时间的推移呈递增态势。吉林森工集团应选择能提供最大森林生态系统服务价值的方案三,即维持天保工程年均造林面积和采取禁伐措施,以确保所提供的森林生态系统服务最大。仿真预测研究对吉林森工集团的林业发展和战略制定有着十分重要的意义。

第八章

资产负债表编制

资产负债反映了企业月末、年末的全部资产、负债和所有者权益的情况。森林资源是一种资产，符合资产的特性。因此，编制森林资产负债表，对反映国家森林资源的变化和所有者的权益情况有十分重要的意义，也对落实生态文明的建设有重要的作用。

8.1 生态资产负债表编制依据

党的十八届三中全会《决定》提出，必须建立系统完整的生态文明制度体系，实行最严格的源头保护制度、损害赔偿制度、责任追究制度，完善环境治理和生态修复制度，用制度保护生态环境。建立资源环境承载能力监测预警机制，对水土资源、环境容量和海洋资源超载区域实行限制性措施。对限制开发区域和生态脆弱的国家扶贫开发工作重点县取消地区生产总值考核。探索编制自然资源和生态环境资产负债表，对领导干部实行自然资源资产和生态环境离任审计。探索编制生态环境资产负债表，这是十八届三中全会《决定》推进生态文明建设的重大制度创新，目的是破除和扭转地方发展唯 GDP 论。开展生态环境资产核算，建立生态环境资产负债表，就是全面记录当期各经济主体对生态环境资产的占有、使用、消耗、恢复和增值活动，评估当期生态环境资产实物量和价值量的变化情况，是领导干部生态环境绩效评估考核、领导干部生态环境资产离任审计、生态补偿等一

系列制度的基础和依据,是引导生态文明建设的"指挥棒"、衡量生态文明建设效
果的"检验器"。

  吉林森工集团森林生态资产负债表的编制,主要是依据国家资产负债表的编
制方式,将吉林森工集团内所有的森林环境容量资产和生态产品资产进行分类和
汇总形成报表,以此显示在一定时点上吉林森工集团所拥有的森林生态资产价
值,提高生态保护意识。同时,也有助于吉林森工集团实施绿色发展战略,为其落
实当地自然资源生态资产负债表编制和管理提供参考。本研究主要针对 2009—
2013 年间的森林生态环境资产进行资产负债表的编制。

8.2 生态资产账户编制

8.2.1 生态资产实物账户

  生态环境资产负债实物量核算表,包括环境容量资产实物量核算账户(具体
又分为水环境容量资产实物量核算账户、大气环境容量资产实物量核算账户);生
态系统资产实物量核算账户(具体又分为森林、湿地、草地、荒漠、海洋、农田、城市
等七个类型的生态系统产品与服务功能量核算,本研究仅编制森林生态系统实物
量资产负债表)。

  由于在现实经济体系中,生态环境的各功能还未能全部进入市场,不是所有
的生态环境都可以通过市场体现其价值,所以至今生态环境的统一估价问题仍然
悬而未决,成为生态环境资产负债表编制过程中的主要障碍。尽管如此,生态环
境经济学中关于生态环境价值评估的方法还是可以在一定程度上为生态环境资
产负债表编制提供方法学的支持。

  在综合以上对森林资源的存量和流量核算基础上,以 2009 年为核算期初,
2013 年核算期末,依据"森林资源期末总量 = 森林资源期初存量 + 本期增加 - 本
期减少 + 森林资源调整变化(可能是负数)"恒等式,借鉴联合国 SEEA2012 有关
森林资源资产账户的结构框架,编制吉林森工集团森林生态资产负债表。可得到

吉林森工集团 2009—2013 年间森林生态环境容量资产负债情况如表 8 - 1 所示。

表 8 - 1　2009—2013 年吉林森工集团环境容量资产负债表

Table8 - 1　Balance sheet of environmental capacity in Jilin forest industry group from 2009 to 2013

	水环境容量（108t/a）			大气环境容量（104t）		
	COD	$NH_3 - N$	其他	SO_2	氮氧化物	其他
期初存量	14.90	10.20	17.00	316.60	23.50	10.32
增加量						
自然原因	9.20	0.50	5.23	158.00	9.20	7.26
经济原因	3.68	0.91	4.32	363.00	17.20	3.71
其他因素	3.00	0.20	1.03	52.00	3.20	4.52
减少量						
自然原因	0.20	0.20	0.20	231.00	21.30	7.21
经济原因	–	–	–	–	–	–
其他因素	–	–	–	–	–	–
期末存量	30.58	11.61	27.38	658.60	31.80	18.60

由水环境容量计算结果来看,吉林森工集团剩余的水环境容量还很大,约为 30.58 亿 t。但建议吉林省要继续加强企业的生产废水污染处理,使企业生产与环境容量和环境管理达到协调发展。另外,注重改扩建项目清洁生产和循环经济建设,在实现吉林森工集团,甚至吉林省国民经济高速发展的同时,进一步改善水环境质量,腾出更大的水环境容量,实现流域的"休养生息"目标;从大气环境容量来看,其中吉林省对 SO_2 的总量控制系数为 5.6 万 ~ 7.0 万 t/km^2。而吉林森工集团的 SO_2 的环境容量远大于指标值,允许排放的空间还很大。计算容量的最终目的是确保吉林大气环境质量能够达标,而评价区域环境值是否达标,最简明的指标是"区域长期平均浓度",经过相关公式计算得到吉林森工集团的 SO_2 的排放量对该地区环境年平均浓度的贡献值为 $0.032mg/m^3$,在可接受环境目标值 $0.06mg/m^3$ 的范围内。

吉林森工集团森林生态系统资产实物量核算账户如表 8 - 2 所示。

表8－2　2009—2013年吉林森工集团生态系统资产负债表
Table8－2　Balance sheet of ecosystem in Jilin forest industry group from 2009 to 2013

森林生态系统

	涵养水源（$10^4 m^3$）	保育土壤（$10^4 t$）	净化大气环境（$10^4 t$）	农田/草场防护（$10^4 t$）	生物多样性保护	固碳制氧（$10^4 t$）
期初量	280222.29	10691.53	74654.80	324.50	-	75.20
数量增加(＋)						
自然增值	128220.21	1204.21	1004.21	600.21	-	21.44
人工生产	11175.58	10418.82	101618.82	414.52	-	124.21
其他因素						
数量减少(－)						
自然退化	6041.10	7041.10	6041.10	215.58	-	14.52
人为破坏	101451.41	2020.14	64107.12	520.14	-	89.08
其他因素	6344.21	241.11	1241.11	126.54	-	21.52
期末量	305781.36	13012.21	105888.50	476.97	-	95.73

　　从上表可以看出,核算期间,吉林森工集团森林生态系统各项服务期初实物量分别是:涵养水源为280222.29万 m^3、保育土壤为10691.53万 t、净化大气环境为74654.80万 t、农田/草场防护为324.50万 t、固碳制氧为75.20万 t。期末实物量分别为涵养水源为305781.36万 m^3、保育土壤为13012.21万 t、净化大气环境为105888.50万 t、农田/草场防护为476.97万 t、固碳制氧为95.73t。

　　其中,由于自然增值、人工生产和其他因素,主要是林地面积增加引起的生态资产实物增加量分别为139395.8万 m^3、11623.03万 t、102623万 t、1014.73万 t、145.65万 t。而由于自然退化和人为破坏等其他因素致使森林生态资产实物减少量分别为113836.7万 m^3、9302.35万 t、71389.33万 t、862.26万 t、125.12万 t。因此,通过计算得到森林生态资产实物净增加量分别为25559.07万 m^3、2320.68万 t、31233.7万 t、152.47万 t、20.53万 t。

8.2.2　生态资产货币账户

　　森林生态的货币资产账户与实物资产账户有着十分密切的关系,货币账户是对实物资产账户中记录的实物流量估价的反映,因此在编制完吉林森工森林生态实物资产账户后,有必要进一步编制森林生态货币资产账户。

根据生态价值量的核算结果,编制吉林森工生态系统货币资产账户如表8-3所示。

表8-3 2009—2013年吉林森工集团生态系统资产负债表

Table8-3 Balance sheet of ecosystem in Jilin forest industry group from 2009 to 2013

森林生态系统(亿元)

-	涵养水源	保育土壤	净化大气环境	农田/草场防护	生物多样性保护	固碳制氧	合计
期初价值	18.92	18.52	310.67	13.47	12.68	0.12	374.38
价值增加(+)							
自然增值	24.46	0.03	2.39	4.62	8.24	0.00	39.74
人工生产	2.15	0.01	241.37	3.19	5.46	0.02	252.2
其他因素	-	-	-	-	-	-	-
价值减少(-)							
自然退化	0.60	3.50	7.39	0.22	0.45	0.01	12.17
人为破坏	10.00	1.00	78.37	0.55	2.35	0.04	92.31
其他因素	0.70	0.13	3.15	0.03	0.24	0.01	4.26
期末价值	34.23	13.93	465.52	20.48	23.34	0.08	557.58

从上表可以看出,吉林森工集团生态资产期初价值量为374.38亿元,期末价值量为557.58亿元,核算期间生态资产价值净增加183.2亿元。其中,由于自然增值引起的生态资产价值增量为39.74亿元,因人工生产引起的生态资产价值增加量为252.2亿元;由于自然退化引起的生态资产价值减少为12.17亿元,因人为破坏引起的生态资产价值减少量为92.31亿元,因其他因素致使生态资产价值减少量为4.26亿元。

8.3 生态资产账户分析

通过对吉林森工集团生态资产负债表的编制研究,由水环境容量计算结果来看,吉林森工集团剩余的水环境容量还很大,约为 30.58 亿 t。从大气环境容量来看,吉林森工集团的 SO_2 的环境容量远大于指标值(5.6 万~7.0 万 t/km^2),允许排放的空间也很大。吉林森工集团的 SO_2 的排放量对该地区环境年平均浓度的贡献值约为 $0.032mg/m^3$,在可接受环境目标值 $0.06mg/m^3$ 的范围内。吉林森工集团生态资产价值净增加值为 183.2 亿元。其中,由于自然增值引起的生态资产价值增量为 39.74 亿元,因人工生产引起的生态资产价值增加量为 252.2 亿元。

探索编制生态环境资产负债表的目的是破除和扭转地方发展唯 GDP 论,对领导干部实行自然资源资产和生态环境离任审计。开展生态环境资产核算,建立生态环境资产负债表,就是全面记录每个时点上的各经济主体对生态环境资产的占有、使用、消耗、恢复和增值等活动,评估当期生态环境资产实物量和价值量的变化情况,是领导干部生态环境绩效评估考核和生态补偿等一系列制度的基础。

参考文献

[1]奥都巴雅尔.蒙古国达尔汗地区森林生态系统服务研究[D].呼和浩特:内蒙古农业大学,2012.

[2]白冬艳,张德成,翟印礼,等.恒续林经营研究的3个关键问题[J].世界林业研究,2013,26(4):18～24.

[3]白杨,欧阳志云,郑华,等.海河流域森林生态系统服务评估[J].生态学报,2011,07:2029～2039.

[4]蔡霞,王祖华,陈丽娟.淳安县森林生态系统服务空间分异区划[J].浙江农林大学学报,2011,05:727～734.

[5]曹旭鹏,李建军,刘帅,等.基于MO－GA的洞庭湖森林生态系统经营的理想空间结构模型[J]生态学杂志,2013,12:3136～3144.

[6]曹云生.基于支持向量机(SVM)的森林生态系统健康评价及预警[D].保定:河北农业大学,2011.

[7]曾群英,周元满,李际平,等.场级森林生态系统区划与组织实施[J].南京林业大学学报(自然科学版),2010,04:102～106.

[8]常新华.长白山阔叶红松林生态系统管理研究[D].北京:北京林业大学,2009.

[9]陈波.北京八达岭石佛寺森林生态系统服务与健康研究[D].保定:河北农业大学,2013.

[10]陈彩虹,肖默.长株潭城市群城市森林生态系统服务的价值评估[J].中南林业科技大学学报,2011,02:50～54.

[11]陈高,代力民,姬兰柱,等.森林生态系统健康评估Ⅰ·模式、计算方法和指标体系[J].应用生态学报,2004,15(10):1743～1749.

[12]陈高,邓红兵,代力民,等. 森林生态系统健康评估Ⅱ·案例实践[J]. 应用生态学报,2005,16(1):1~6.

[13]陈浩,莫江明,张炜,等. 氮沉降对森林生态系统碳吸存的影响[J]. 生态学报,2012,21:6864~6879.

[14]陈积敏. 森林生态系统适应性管理对区域经济系统的影响研究[D]. 南京:南京林业大学,2012.

[15]陈积敏. 森林生态系统适应性管理视角下的经济增长影响因子分析[J]. 经济研究导刊,2012,14:15~16.

[16]陈家德. 加拿大应对气候变化的政策机制及其林业碳计量模型——赴加拿大太平洋林业中心考察报告[R]. 四川林业科技,2013,34(2):102~105.

[17]陈俊安. 近自然林业的经营价值研究[J]. 民营科技,2010,(10):150.

[18]陈龙,谢高地,张昌顺,等. 白马雪山国家级自然保护区典型森林生态系统服务[J]. 生态学杂志,2011,08:1781~1785.

[19]陈满玉. 福建省林下经济可持续发展研究[D]. 福州:福建农林大学,2013.

[20]陈名君,黄勃,李增智. 三种森林生态系统昆虫病原真菌优势种生态位比较[J]. 应用生态学报,2011,05:1275~1279.

[21]陈清,洪国斌,傅松玲,等. 绩溪县森林生态系统服务价值评估[J]. 安徽农业大学学报,2012,04:514~518.

[22]陈望雄. 东洞庭湖区域森林生态系统健康评价与预警研究[D]. 长沙:中南林业科技大学,2012.

[23]陈祥义. 浙江临安市太湖源小流域森林生态系统服务价值评估[D]. 北京:中国林业科学研究院,2011.

[24]陈晓景. 中国环境法立法模式的变革——流域生态系统管理范式选择[J]. 甘肃社会科学,2011,01:191~194.

[25]陈永娴,曹建华,陈俊明,等. 森林生态系统养分循环及其动态模拟研究[J]. 热带农业科学,2014,02:39~43.

[26]陈智,于贵瑞,朱先进,等. 北半球陆地生态系统碳交换通量的空间格局及其区域特征[J]. 第四纪研究,2014,04:710~722.

[27]程国栋,赵传燕,王瑶. 内陆河流域森林生态系统生态水文过程研究[J]. 地球科学进展,2011,11:1125~1130.

[28]党普兴. 新疆生产建设兵团森林生态系统服务价值评估[J]. 西北林学院学报,

2013,05:47~57.

[29]邓华锋.森林生态系统经营综述[J].世界林业研究,1998,(4):9~16.

[30]丁访军.森林生态系统定位研究标准体系构建[D].北京:中国林业科学研究院,2011.

[31]丁胜,温作民.南京老山林场森林生态系统适应性管理问题的探讨[J].价值工程,2010,32:15~16.

[32]丁晓叶,吴永波,陈杰.森林生态系统碳蓄积量与年净碳汇估算研究[J].中国城市林业,2011,02:29~31.

[33]董贵华,何立环,刘海江,等.生态系统管理中生态环境评价的关键问题[J].中国环境监测,2013,02:41~45.

[34]董卉卉,张学顺,冯万富,等.信阳市森林生态系统固碳制氧生态价值评估[J].信阳师范学院学报:自然科学版,2014,27(2):232~234,287.

[35]董乃钧,郑小贤,邓华峰.关于森林生态系统经营的几个问题[J].绿色中国,2004,(4):16~17.

[36]董沛武,张雪舟.林业产业与森林生态系统耦合度测度研究[J].中国软科学,2013,11:178~184.

[37]董仁才,苟亚青,李思远,等.不同管理主体对泸沽湖流域生态系统影响的比较分析[J].生态学报,2012,18:5786~5794.

[38]董洋洋,朱春燕,高畅,等.禹州市森林生态系统服务价值评估研究[J].中国农学通报,2011,32:186~191.

[39]杜昀轩,姜霞,王雯雯,等.环境治理工程对蠡湖水生态系统健康的影响评估[J].环境工程技术学报,2014,4(3):192~198.

[40]杜运长.黑龙江省森林采伐方式与森林生态系统稳定性探讨[J].中国林副特产,2014,(3):103~105.

[41]樊建霞.北川县自然保护区森林生态系统健康评价研究[D].雅安:四川农业大学,2013.

[42]范敏锐,吕锡芝,余新晓,等.森林生态系统健康快速评价研究[J].水土保持通报,2010,03:196~200.

[43]范敏锐.北京山区森林生态系统净初级生产力对气候变化的响应[D].北京:北京林业大学,2011.

[44]斐阳,黄军英.加拿大应对气候变化新举措[J].全球科技经济瞭望,2011,26(3):

18～22.

[45]冯茹.重庆市森林生态系统服务价值评价[D].重庆:西南大学,2014.

[46]冯源.基于 CBM 模型云南普洱地区森林生态系统碳收支研究[D].北京:中国林业科学研究院,2014.

[47]冯仲科.对森林经理学科的认识与思考[J].林业资源管理,2005,(6):91～93.

[48]付甜.基于 CBM～CFS3 模型的三峡库区主要森林生态系统碳计量[D].北京:中国林业科学研究院,2013.

[49]傅伯杰,陈利顶,马克明,等.景观生态学[M].北京:科学出版社,2001:35～127.

[50]傅伯杰,刘世梁,马克明.生态系统综合评价的内容与方法[J].生态学报,2001,(11):1885～1892.

[51]高阳,金晶炜,程积民,等.宁夏回族自治区森林生态系统固碳现状[J].应用生态学报,2014,03:639～646.

[52]高玉东.林业标准化与森林经理的管理措施[J].林业科技;2014:26.

[53]谷思玉.红松人工土坡肥力的研究[D].哈尔滨:东北林业大学,2001.

[54]郭慧.森林生态系统长期定位观测台站布局体系研究[D].北京:中国林业科学研究院,2014.

[55]郭晋平,张云香.森林有限再生性与森林可持续经营[J].资源科学,2001,23(5):62～66.

[56]郭晴晴.重庆主城区森林生态系统服务价值评估[D].重庆:师范大学,2011.

[57]郭庆华,刘瑾,陶胜利,等.激光雷达在森林生态系统监测模拟中的应用现状与展望[J].科学通报,2014,59(6):459～478.

[58]郭志刚.关于森林资源管理与保护的思考[J].科技创新与应用,2014,(15):275.

[59]韩秋萍,张修玉,许振成,等.珠三角生态屏障区森林生态系统服务价值评估——以韶关市为例[J].中国人口·资源与环境,2014,S2:430～434.

[60]韩旭.青岛市生态系统评价与生态功能分区研究[D].上海:东华大学,2008.

[61]韩争伟,马玲,张曼胤,等.太湖湿地昆虫群落生态位研究[J].林业科学,2014,50(11):202～207.

[62]郝建锋,金森,马钦彦,等.气候变化对暖温带典型森林生态系统结构、生产力的影响[J].干旱区资源与环境,2008,22(3):63～69.

[63]和爱军.二十世纪欧美七国森林与林业政策的变迁[J].世界林业研究,2003,16(3):1～6.

［64］贺金生．中国森林生态系统的碳循环：从储量、动态到模式［J］．中国科学：生命科学，2012,03：252～254.

［65］赫尔曼·格拉夫·哈茨费尔德．生态林业理论与实践［M］．北京：中国林业出版社,1997.

［66］侯亚红．拉萨市生态服务功能价值评估及生态功能区划［D］．杨凌：西北农林科技大学,2010.

［67］侯元兆．森林环境价值评估［M］．北京：中国科学技术出版社,2002,1～112.

［68］侯元兆．林业可持续发展和森林可持续经营理论与案例［M］．北京：中国科学技术出版社,2004：1～66.

［69］侯元兆．中国森林资源价值评估研究［M］．北京：中国林业出版社,1995,1～128.

［70］胡海清,魏书精,孙龙,等．气候变化、火干扰与生态系统碳循环［J］．干旱区地理,2013,01：57～75.

［71］胡海清,魏书精,魏书威,等．气候变暖背景下火干扰对森林生态系统碳循环的影响［J］．灾害学,2012,04：37～41.

［72］胡新．森林生态服务功能价值评价研究［D］．福州：福建农林大学,2014.

［73］扈丹青,陈积敏．基于适应性管理视域下的福建地区山林纠纷现状及调处对策［J］．经营管理者,2014：110.

［74］黄从德．四川森林生态系统碳储量及其空间分异特征［D］．雅安：四川农业大学,2008.

［75］黄海侠．植物功能性状对森林生态系统服务的指示［D］．上海：华东师范大学,2014.

［76］黄怀雄．长株潭地区森林生态系统服务价值评价研究［D］．长沙：中南林业科技大学,2010.

［77］黄英．乡村森林生态系统服务研究［D］．长沙：中南林业科技大学,2012.

［78］及莹,蔡体久,琚存勇．一种森林流域生态系统管理与评价的新技术——NetMap简介［J］．森林工程,2013,02：44～47,102.

［79］江洪,汪小钦,孙为静．福建省森林生态系统NPP的遥感模拟与分析［J］．地球信息科学学报,2010,04：580～586.

［80］姜烨．祁连山森林生态系统固碳参量的遥感估算［D］．兰州：兰州交通大学,2013.

［81］姜永华,江洪．森林生态系统服务价值的遥感估算——以杭州市余杭区为例［J］．测绘科学,2009,06：155～158.

[82]蒋桂娟,郑小贤.森林生态系统适应性经营研究[J].林业调查规划,2011,06:52~55,67.

[83]蒋有绪.森林可持续经营与林业可持续发展[J].世界林业研究,2001,14(2):1~7.

[84]焦翠翠,于贵瑞,展小云,等.全球森林生态系统净初级生产力的空间格局及其区域特征[J].第四纪研究,2014,04:699~709.

[85]金文斌,魏彦波,张春雨,等.基于森林生态系统管理的森林经营与传统森林经营的比较研究[J].浙江林业科技,2010,30(1):48~52.

[86]雷静品,江泽平,肖文发,等.中国区域水平森林可持续经营标准与指标体系研究[J].西北林学院学报,2009,24(4):228~233.

[87]雷静品,肖文发.加拿大森林可持续经营研究进展及其对中国的启示[J].世界林业研究,2003,16(5):55~58.

[88]李芬,李文华,甄霖,等.森林生态系统补偿标准的方法探讨——以海南省为例[J].自然资源学报,2010,05:735~745.

[89]李富山,韩贵琳.钙同位素在森林生态系统中的研究进展[J].地球与环境,2014,42(3):442~449.

[90]李刚.黄土高原丘陵沟壑区森林生态系统服务价值的空间分异特征[D].雅安:四川农业大学,2013.

[91]李国伟,赵伟,魏亚伟,等.天然林资源保护工程对长白山林区森林生态系统服务的影响评价[J].生态学报,2015,35(4):1~14.

[92]李海军,张新平,张毓涛,等.基于月水量平衡的天山中部天然云杉林森林生态系统蓄水功能研究[J].水土保持学报,2011,04:227~232.

[93]李海军,张毓涛,张新平,等.天山中部天然云杉林森林生态系统降水过程中的水质变化[J].生态学报,2010,18:4828~4838.

[94]李恒.龙江森工集团森林生态资产价值综合评估研究[D].哈尔滨:东北林业大学,2011.

[95]李惠萍,刘小林,张宋智,等.小陇山生态站森林生态系统服务及其价值评估[J].西北林学院学报,2012,05:15~20.

[96]李建军,刘帅,张会儒,等.洞庭湖森林生态系统空间结构均质性评价[J].生态学报,2013,12:3732~3741.

[97]李俊清,崔国发,臧润国.小兴安岭五营林区森林生态系统经营研究[J].北京林

业大学学报,2000,22(4):25~34.

[98]李娜娜,李月辉.不同所有制森林的管理方式及其生态影响研究进展[J].应用生态学报,2011,22(6):1623~1631.

[99]李士美,谢高地,张彩霞,等.森林生态系统服务流量过程研究——以江西省千烟洲人工林为例[J].资源科学,2010,05:831~837.

[100]李士美,谢高地,张彩霞,等.森林生态系统土壤保持价值的年内动态[J].生态学报,2010,13:3482~3490.

[101]李伟,王秋华,沈立新.气候变化对森林生态系统的影响及应对气候变化的森林可持续发展[J].林业调查规划,2014,01:94~97,114.

[102]李炜,王玉芳,刘晓光.森林生态系统生态补偿标准研究——以伊春林管局为例[J].林业经济问题,2012,32(5):427~432.

[103]李向飞,王传宽,全先奎.5种温带森林生态系统细根的时间动态及其影响因子[J].生态学报,2013,13:4172~4180.

[104]李向飞.5种温带森林生态系统细根的时空动态及其影响因子[D].哈尔滨:东北林业大学,2013.

[105]李轩然,孙晓敏,张军辉,等.温度对中国典型森林生态系统碳通量季节动态及其年际变异的影响[J].第四纪研究,2014,04:752~761.

[106]李延德.综合生态系统管理方法在青海土地退化防治中的实践与应用研究[D].杨凌:西北农林科技大学,2012.

[107]梁宇.针阔混交林带退化生态系统的土壤呼吸响应研究[D].长春:东北师范大学,2009.

[108]廖丹霞,谢谦,杨波.洞庭湖湿地生态系统健康演变的研究[J].长沙:中南林业科技大学学报,2014,34(6):112~116,140.

[109]廖利平,赵士洞.杉木人工林生态系统管理思想与实践[J].资源科学,1999,21(4):1~6.

[110]林媚珍,陈志云,蔡砥,等.梅州市森林生态系统服务价值动态评估[J].中南林业科技大学学报,2010,11:54~59,64.

[111]林媚珍,马秀芳,杨木壮,等.广东省1987年至2004年森林生态系统服务价值动态评估[J].资源科学,2009,06:980~984.

[112]林群,张守攻,江泽平,等.森林生态系统管理研究概述[J].世界林业研究,2007,20(2):1~9.

[113]林群,张守攻,江泽平.国外森林生态系统管理模式的经验与启示[J].世界林业研究,2008,21(5):1~6.

[114]林群.参与式森林生态系统管理模式构建与风险评价研究[D].北京:中国林业科学研究院,2009.

[115]林天喜,徐炳芳,戚继忠,等.欧洲近自然的森林经营理论与模式[J].吉林林业科技,2003,32(1):76~78.

[116]林玉成.我国森林生态价值补偿制度研究[D].重庆:重庆大学,2005.

[117]刘春兴.森林生物灾害管理与法制研究[D].北京:北京林业大学,2011.

[118]刘代明.福建省国有林场森林生态系统服务价值评估研究[D].福州:福建农林大学,2013.

[119]刘丹.基于SEM的森林生态系统服务影响因素实证研究[D].北京:北京林业大学,2012.

[120]刘东.浙江省森林生态服务价值估算及其时空变异分析[D].南京:南京大学,2013.

[121]刘芳.森林生态系统服务分布式评估决策支持系统研究[D].呼和浩特:内蒙古农业大学,2012.

[122]刘飞.基于生态系统功能多重属性的森林生态服务提供研究[D].杨凌:西北农林科技大学,2012.

[123]刘建波,陈秋波,彭懿,等.海南中部山区森林生态系统服务价值评估[J].生态经济(学术版),2009,02:24~30.

[124]刘建军,王文杰,李春来.生态系统健康研究进展[J].环境科学研究,2002,15(1):41~44.

[125]刘菊秀,李跃林,刘世忠,等.气温上升对模拟森林生态系统影响实验的介绍[J].植物生态学报,2013,06:558~565.

[126]刘凯.杉木林生态系统转换对土壤质量的影响研究[D].福州:福建农林大学,2013.

[127]刘林馨,刘传照,毛子军.丰林世界生物圈自然保护区森林生态系统服务价值评估[J].北京林业大学学报,2011,03:38~44.

[128]刘璐璐,邵全琴,刘纪远,等.琼江河流域森林生态系统水源涵养能力估算[J].生态环境学报,2013,03:451~457.

[129]刘南希.马泉国有林场生态系统管理对策的研究[D].北京:北京林业大

学,2012.

[130]刘琼阁.三峡库区森林生态系统服务评估研究[D].北京:北京林业大学,2014.

[131]刘世荣,王晖,栾军伟.中国森林土壤碳储量与土壤碳过程研究进展[J].生态学报,2011,19:5437~5448.

[132]刘树华,李浩,陆宏芳.鼎湖山南亚热带森林生态系统服务价值动态[J].生态环境学报,2011,1:1042~1047.

[133]刘旭平,刘玉龙,邵英男,等.森林生态系统管理概述[J].现代化农业,2013,(7):27~29.

[134]刘永杰,王世畅,彭皓,等.神农架自然保护区森林生态系统服务价值评估[J].应用生态学报,2014,25(5):1431~1438.

[135]刘勇,李晋昌,杨永刚.基于生物量因子的山西省森林生态系统服务评估[J].生态学报,2012,09:2699~2706.

[136]刘勇,王玉杰,王云琦,等.重庆缙云山森林生态系统服务价值评估[J].北京林业大学学报,2013,03:46~55.

[137]龙勤.基于熵的森林生态系统类型自然保护区协同与可持续研究[D].昆明:昆明理工大学,2012.

[138]楼丹.森林生态系统类型自然保护区合理布局研究[D].北京:北京林业大学,2010.

[139]陆昕,胡海清,孙龙,等.火干扰对森林生态系统土壤有机碳影响研究进展[J].土壤通报,2014,03:760~768.

[140]陆元昌,程小放.加拿大的模式森林计划[J].世界林业研究,2001,14(2):55~60.

[141]陆元昌,甘敬.21世纪的森林经理发展动态[J].世界林业研究,2002,15(1):1~11.

[142]罗静伟,郑博福,钱万友,等.鄱阳湖流域生态系统管理框架[J].南昌大学学报(工科版),2010,03:233~237,264.

[143]罗磊.基于3S的天山中部沙湾林场森林生态系统健康评价[D].新疆:新疆大学,2012.

[144]吕一河,傅伯杰.生态学中的尺度及尺度转换方法[J].生态学报,2001,21(12):2096~2105.

[145]马姜明,刘世荣,史作民,等.退化森林生态系统恢复评价研究综述[J].生态学

报,2010,12:3297~3303.

[146]马克明,孔红梅,关文彬,等.生态系统健康:方法与方向[J].生态学报,2001,21(12):2106~2116.

[147]马利群,李爱农.激光雷达在森林垂直结构参数估算中的应用[J].世界林业研究,2011,24:41~45.

[148]马增旺,赵广智,邢存旺,等.论生态系统管理中的生态整体性[J].河北林业科技,2009,06:33~35.

[149]马长欣,刘建军,康博文,等.1999—2003年陕西省森林生态系统固碳制氧服务功能价值评估[J].生态学报,2010,06:1412~1422.

[150]孟祥江,侯元兆.森林生态系统服务价值评估理论与评估方法研究进展[J].世界林业研究,2010,23(6):8~12.

[151]孟祥江.中国森林生态系统价值评估框架体系与标准化研究[D].北京:中国林业科学研究院,2011.

[152]妙磊.城市森林文化建设的生态价值研究[D].杨凌:西北农林科技大学,2013.

[153]闵程程.基于RS和GIS的中国东部南北样带森林生态系统蒸散研究[D].武汉:湖北大学,2012.

[154]缪宁,刘世荣,史作民,等.强度干扰后退化森林生态系统中保留木的生态效应研究综述[J].生态学报,2013,13:3889~3897.

[155]牛香,宋庆丰,王兵,等.吉林森工集团森林生态系统服务[J].东北林业大学学报,2013,08:36~41.

[156]牛香,王兵.基于分布式测算方法的福建省森林生态系统服务评估[J].中国水土保持科学,2012,02:36~43.

[157]欧阳志云,王效科,苗鸿.中国陆地生态系统服务功能及其生态经济价值的初步研究[J].生态学报,1999,19(5):607~613.

[158]潘勇军,陈步峰,王兵,等.广州市森林生态系统服务评估[J].中南林业科技大学学报,2013,05:73~78.

[159]彭丹,任引.厦门市城市森林生态系统服务价值变化研究[J].福建林学院学报,2011,03:239~244.

[160]祁爽.森林生态系统服务价值研究现状与趋势分析[J].山东林业科技,2013,01:73,100~102.

[161]冉陆荣,吕杰.森林多功能利用的林业产业发展模式选择[J].辽宁林业科技,

2008,(1):23~25,34.

[162]饶世权.从保护生态到经营生态:我国资源法价值观的转向——以《森林法》为例[C].2009年全国环境资源法学研讨会(2009.8.3—6,昆明)论文集,2009:173~178.

[163]任海,邬建国,彭少麟.生态系统管理的概念与要素[J].应用生态学报,2000,11(3):455~458.

[164]任海,邬建国,彭少麟.生态系统健康的评估[J].热带地理,2000,20(4):310~316.

[165]任平,洪步庭,程武学,等.长江上游森林生态系统稳定性评价与空间分异特征[J].地理研究,2013,06:1017~1024.

[166]任世奇,肖文发,项东云.森林生态系统管理理论框架下的桉树人工林可持续经营视角[J].广西林业科学,2013,02:107~111,147.

[167]沈国舫.中国森林资源与可持续发展[M].南宁:广西科学技术出版社,2000,93~101.

[168]沈玲玲.我国生态公益林可持续经营研究[D].哈尔滨:东北林业大学,2011.

[169]沈月琴,姜春前,周国模,等.示范林业及其在中国的实践[J].林业经济,2007,(2):56~58.

[170]石小亮,李海玲,朱洪革.森林食品需求的影响因素研究——基于哈尔滨市居民消费者的调查[J].林业经济,2013,(9):83~87.

[171]石小亮,张颖,单永娟.云南省森林涵养水源价值核算[J].中国林业经济,2014,(4):54~56.

[172]石小亮,张颖,段维娜.碳关税对我国出口企业的影响——基于投入产出模型的实证分析[J].上海经济研究,2014,(10):37~47,56.

[173]石小亮,张颖,韩争伟.森林碳汇计量方法研究综述——基于北京市的选择[J].林业经济,2014,36(11):44~49.

[174]石小亮,张颖.基于时空变域的森林生态系统管理研究概述[J].林业科技开发,2014,28(6):10~14.

[175]石小亮,张颖.浅述森林生物多样性价值评估[J].中国人口·资源与环境,2014,24(11):164~167.

[176]石小亮,张颖.森林涵养水源研究综述[J].资源开发与市场,2015,(3):332~336.

[177]史丽荣,严志贵.对保护和发展森林资源的认识[J].林业勘察设计,2011(1):101~102.

[178]宋思铭,余新晓,张振明,等.北京山区森林生态系统三维褶皱指数[J].东北林业大学学报,2011,07:54~56,62.

[179]苏少川,廖旺顺,刘剑斌,等.建阳市森林生态系统服务价值评估[J].西南林业大学学报,2014,01:73~77.

[180]苏迅帆,徐莲珍,张硕新.青藏高原森林生态系统服务价值评估指标的研究——以西藏林芝地区为例[J].西北林学院学报,2008,03:66~70.

[181]孙顶强,尹润生.西北林业计划:美国国有森林经营的经验与启示[J].林业经济,2006,(2):75~80.

[182]孙燕,周杨明,张秋文.生态系统健康:理论、概念与评价方法[J].地理科学进展,2011,26(8):887~896.

[183]孙颖.宁夏森林生态系统服务价值评估研究[D].杨凌:西北农林科技大学,2010.

[184]塔吉古丽·艾麦提,努尔巴依·阿布都沙力克,努热曼古丽·图尔孙.新疆巴尔鲁克山自然保护区森林生态系统服务价值评估[J].北京联合大学学报,2014,01:44~50.

[185]塔吉古丽·艾麦提.新疆巴尔鲁克山自然保护区森林生态服务功能价值评估[D].新疆:新疆大学,2012.

[186]谭九龙.华西雨屏区慈竹林与桤木林C、N储量研究[D].雅安:四川农业大学,2013.

[187]谭明亮,段争虎,陈小红,等.半干旱区城市人工森林生态系统服务价值评估——以兰州市南北两山环境绿化工程区为例[J].中国沙漠,2012,01:219~225.

[188]谭外球,王荣富,闫晓明,等.中国森林生态系统碳循环研究进展[J].湖南农业科学,2013,11:65~68.

[189]汤萃文,杨莎莎,刘丽娟,等.基于能值理论的东祁连山森林生态系统服务价值评价[J].生态学杂志,2012,02:433~439.

[190]唐佳,方江平.森林生态系统服务价值评估指标体系研究[J].西藏科技,2010,03:71~75.

[191]唐佳,葛继稳,吴兆俊,等.湖北省优先保护森林生态系统的分布及其保护空缺分析[J].植物科学学报,2014,02:105~112.

[192]唐佳,王超,张金萍.西藏工布自然保护区森林生态系统服务价值估算研究[J].西南农业学报,2011,05:1939~1942.

[193]唐仕姗,杨万勤,殷睿,等.中国森林生态系统凋落叶分解速率的分布特征及其控制因子[J].植物生态学报,2014,06:529~539.

[194]唐宪.基于PSR框架的森林生态系统完整性评价研究[D].长沙:中南林业科技

大学,2010.

[195]田锋哲. 济南市南部山区次生林生态服务功能价值评价及补偿[D]. 济南:山东师范大学,2009.

[196]田杰,于大炮,周莉,等. 辽东山区典型森林生态系统碳密度[J]. 生态学杂志,2012,11:2723~2729.

[197]田娜,钟珍梅,翁伯琦. 森林生态系统能值分析研究进展[J]. 福建农业学报,2010,03:374~378.

[198]田业强. 基于国家森林城市创建的株洲市城区生态绿地体系研究[D]. 长沙:中南林业科技大学,2013.

[199]铁燕,文传浩,王殿颖. 复合生态系统管理理论与实践述评——兼论流域生态系统管理[J]. 西部论坛,2010,01:55~60,78.

[200]万五星,王效科,李东义,等. 暖温带森林生态系统林下灌木生物量相对生长模型[J]. 生态学报,2014,23:6985~6992.

[201]万杨. 凉山彝族自治州森林植被碳储量估算及其空间分布格局研究[D]. 雅安:四川农业大学,2013.

[202]汪森. 森林生态系统碳循环研究进展[J]. 安徽农业科学,2013,04:1560~1563.

[203]汪有奎,郭生祥,汪杰,等. 甘肃祁连山国家级自然保护区森林生态系统服务价值评估[J]. 中国沙漠,2013,06:1905~1911.

[204]王兵,丁访军. 森林生态系统长期定位观测标准体系构建[J]. 北京林业大学学报,2010,06:141~145.

[205]王兵,鲁少波,白秀兰,等. 江西省广丰县森林生态系统健康状况研究[J]. 江西农业大学学报,2011,03:521~528.

[206]王兵,鲁绍伟,尤文忠,等. 辽宁省森林生态系统服务价值评估[J]. 应用生态学报,2010,07:1792~1798.

[207]王兵,任晓旭,胡文,等. 森林生态系统服务评估区域差异性[J]. 东北林业大学学报,2010,11:49~53.

[208]王兵,任晓旭,胡文. 中国森林生态系统服务的区域差异研究[J]. 北京林业大学学报,2011,02:43~47.

[209]王兵,任晓旭,胡文. 中国森林生态系统服务及其价值评估[J]. 林业科学,2011,02:145~153.

[210]王兵,魏江生,胡文. 贵州省黔东南州森林生态系统服务评估[J]. 贵州大学学报

（自然科学版），2009，05：42~47,52.

　　[211]王兵，魏江生，俞社保，等. 广西壮族自治区森林生态系统服务研究[J]. 广西植物，2013，01：46~51,117.

　　[212]王丹丹. 厦门城市森林生态系统健康评价与调控技术研究[D]. 福州：福建农林大学，2010.

　　[213]王棣，佘雕，张帆，等. 森林生态系统碳储量研究进展[J]. 西北林学院学报，2014，02：85~91.

　　[214]王丁，常慧萍，韩鸿鹏. 森林生态系统管理与生态系统健康关系探讨[J]. 河南教育学院学报（自然科学版），2012，03：1~4.

　　[215]王广成. 煤炭矿区复合生态系统管理研究进展[J]. 辽宁工程技术大学学报（自然科学版），2014，33(6)：782~787.

　　[216]王敏，李贵才，仲国庆，等. 区域尺度上森林生态系统碳储量的估算方法分析[J]. 林业资源管理，2010，02：107~112.

　　[217]王宁. 山西森林生态系统碳密度分配格局及碳储量研究[D]. 北京：北京林业大学，2014.

　　[218]王培娟，谢东辉，张佳华，等. 基于过程模型的长白山地区森林植被净第一性生产力空间尺度转换方法研究[J]. 2012,(2)：310.

　　[219]王千军. 天山云杉林生态系统健康评估及预警研究[D]. 新疆：新疆农业大学，2012.

　　[220]王邵军，阮宏华. 全球变化背景下森林生态系统碳循环及其管理[J]. 南京林业大学学报（自然科学版），2011，02：113~116.

　　[221]王顺利，刘贤德，王建宏，等. 甘肃省森林生态系统保育土壤功能及其价值评估[J]. 水土保持学报，2011，05：35~39.

　　[222]王顺利，刘贤德，王建宏，等. 甘肃省森林生态系统服务及其价值评估[J]. 干旱区资源与环境，2012，03：139~145.

　　[223]王晓宏. 内蒙古大兴安岭森林生态系统生态服务功能评估[D]. 呼和浩特：内蒙古农业大学，2014.

　　[224]王晓莉，常禹，陈宏伟，等. 黑龙江省大兴安岭主要森林生态系统生物量分配特征[J]. 生态学杂志，2014，06：1437~1444.

　　[225]王新闯，齐光，于大炮，等. 吉林森工集团森林生态系统的碳储量、碳密度及其分布[J]. 应用生态学报，2011，08：2013~2020.

[226]王绣云.森林资源的科学经营和生态文明的和谐发展[J].科技创新与应用,2014,(20):272.

[227]王彦.小陇山国家级自然保护区锐齿栎林生态系统健康评价研究[D].兰州:西北师范大学,2012.

[228]王懿祥,陆元昌,张守功,等.森林生态系统健康评价现状及展望[J].林业科学,2010,46(2):134~140.

[229]王颖.东北典型森林生态系统温室气体释放规律研究[D].哈尔滨:东北林业大学,2009.

[230]王玉芹.厦门城市森林生态系统服务及价值评价[D].福州:福建农林大学,2011.

[231]王珍.福建省沿海木麻黄防护林生态系统服务功能及其评价[D].福州:福建农林大学,2010.

[232]王忠诚,华华,文仕知,王淮永.八大公山自然保护区森林生态系统服务价值评估[J].中南林业科技大学学报,2012,11:60~66.

[233]王重玲,朱志玲,王梅梅,等.基于生态服务价值的宁夏隆德县生态补偿研究[J].水土保持研究,2014,21(1):208~212,218.

[234]王祖华,刘红梅,关庆伟,等.南京城市森林生态系统的碳储量和碳密度[J].南京林业大学学报(自然科学版),2011,04:18~22.

[235]魏合义.三峡库区森林生态承载力的区域分异研究[D].武汉:华中农业大学,2010.

[236]魏书精,罗碧珍,孙龙,等.森林生态系统土壤呼吸时空异质性及影响因子研究进展[J].生态环境学报,2013,04:689~704.

[237]魏书精,罗碧珍,魏书威,等.森林生态系统土壤呼吸测定方法研究进展[J].生态环境学报,2014,03:504~514.

[238]魏书精.黑龙江省森林火灾碳排放定量评价方法研究[D].哈尔滨:东北林业大学,2013.

[239]文华英,黄义雄,张巧,等.海坛岛沿海防护林森林生态系统间接经济价值评估[J].防护林科技,2014,11:11~14.

[240]乌吉斯古楞.太岳山森林生态系统服务价值评价研究[D].北京:北京林业大学,2012.

[241]吴丹,邵全琴,刘纪远.江西泰和县森林生态系统水源涵养功能评估[J].地理科

学进展,2012,03:330～336.

[242]吴金鸿,杨涵,杨方社,等.额尔齐斯河流域湿地生态系统健康评价[J].干旱区资源与环境,2014,28(6):149～154.

[243]吴敬东.长沙市枫香人工林生态系统服务功能及价值评估研究[D].长沙:中南林业科技大学,2012.

[244]吴霜,延晓冬,张丽娟.中国森林生态系统能值与服务功能价值的关系[J].地理学报,2014,03:334～342.

[245]吴锡麟,叶功富,陈德旺,等.森林生态系统管理概述[J].福建林业科技,2002,29(3):84～87.

[246]吴志丰,李月辉,常禹,等.历史变域在森林生态系统管理中的应用现状与展望[J].应用生态学报,2010,07:1859～1866.

[247]吴卓.气候变化对我国红壤丘陵区森林生态系统结构的影响[D].北京:首都师范大学,2014.

[248]武巧英.基于粗糙集理论的北京山区森林健康预警研究[D].北京:北京林业大学,2011.

[249]夏芹.择伐措施对森林生态系统碳循环影响的模拟研究[D].福州:福建农林大学,2013.

[250]夏尚光,梁淑英.森林生态系统养分循环的研究进展[J].安徽林业科技,2009,03:1～6.

[251]鲜骏仁.川西亚高山森林生态系统管理研究[D].雅安:四川农业大学,2007.

[252]向楠.基于生态脆弱性的综合生态系统管理研究[D].北京:北京林业大学,2014.

[253]向青,尹润生.美国、加拿大林地产权制度及森林经营管理[J].林业经济,2006,(7):70～77.

[254]肖风劲,欧阳华,傅伯杰,等.森林生态系统健康评价指标及其在中国的应用[J].地理学报,2003,58(6):803～809.

[255]肖建武,康文星,尹少华,等.广州市城市森林生态系统服务价值评估[J].中国农学通报,2011,31:27～35.

[256]肖君.福建森林生态文化体系建设现状与对策[J].林业勘察设计,2011,(2):48～50.

[257]肖强,肖洋,欧阳志云,等.重庆市森林生态系统服务价值评估[J].生态学报,

2014,01:216～223.

[258]肖志军. 近自然森林经营的几点思考[J]. 现代园艺,2013,(7):210～211.

[259]谢剑斌,查轩. 试论森林可持续经营单元的时空尺度[J]. 林业科学,2005,41(3):164～170.

[260]徐德应,张小全. 森林生态系统管理科学——21世纪森林科学的核心[J]. 世界林业研究,1998,(2):1～7.

[261]徐国祯. 森林经营的性质,内涵和名称[J]. 世界林业研究,2000,13(6):20～26.

[262]徐国祯. 森林资源的系统化管理[J]. 林业资源管理,1993:20～26.

[263]徐化成. 森林生态与生态系统经营[M]. 北京:化学工业出版社,2004.

[264]徐化成. 中国红松天然林[M]. 北京:中国林业出版社,2001.

[265]徐丽. 森林类自然保护区生态质量评价研究[D]. 武汉:华中农业大学,2014.

[266]许新桥. 近自然林业理论评价[J]. 林业经济,2006,(2):24～28.

[267]薛沛沛,王兵,牛香,等. 森林生态系统健康评估方法的现状与前景[J]. 中国水土保持科学,2012,05:109～115.

[268]薛沛沛,王兵,牛香,等. 武宁县、江山市和邵武市森林生态系统服务及其价值评估[J]. 水土保持学报,2013,05:249～254.

[269]闫东锋,耿建伟,杨喜田,等. 宝天曼自然保护区森林生态系统健康评价[J]. 西北林学院学报,2011,02:69～74.

[270]严力蛟,杨伟康,林国俊,等. 气候变暖对森林生态系统的影响[J]. 热带地理,2013,05:621～627.

[271]严尚凯. 渭北黄土高原油松林健康评价及调控研究[D]. 杨凌:西北农林科技大学,2010.

[272]颜廷武,尤文忠. 森林生态系统应对气候变化响应研究综述[J]. 环境保护与循环经济,2010,12:70～73.

[273]杨芳. 福建省森林生态系统基本功能价值评估分析[J]. 环境科学与管理,2010,35(2):186～190.

[274]杨荣金,傅伯杰,刘国华,等. 生态系统可持续管理的原理和方法[J]. 生态学杂志,2004,23(3):103～108.

[275]杨小梅. 缙云山森林生态系统水质效应及评价研究[D]. 北京:北京林业大学,2010.

[276]杨学民,姜志林. 森林生态系统管理及其与传统森林经营的关系[J]. 南京林业

大学学报(自然科学版),2003,04:91~94.

[277]杨学民,姜志林.森林生态系统管理及其与传统森林经营的关系[J].南京林业大学学报(自然科学版),2003,27(4):91~94.

[278]杨艺.基于生态系统管理的我国无居民海岛管理问题研究[D].青岛:中国海洋大学,2012.

[279]殷鸣放,谭希彬.国际模式森林的研究进展[J].辽宁林业科技,2001,(4):24~26.

[280]尹飞.遂昌县森林生态系统价值评估[D].临安:浙江农林大学,2011.

[281]于贵瑞.生态系统管理学的概念框架及其生态学基础[J].应用生态学报,2001,12(5):787~794.

[282]于贵瑞.我国区域尺度生态生态系统管理中的几个重要生态学命题[J].应用生态学报,2002,13(7):885~891.

[283]于海燕.钱塘江流域生态功能区划研究[D].杭州:浙江大学,2008.

[284]于颖.基于 InTEC 模型东北森林碳源/汇时空分布研究[D].哈尔滨:东北林业大学,2013.

[285]余艳红,吴学灿,杨张,等.丽江老君山综合生态系统管理模型研究及应用[J].生态经济,2014,08:153~158.

[286]袁菲,张星耀,梁军.基于干扰的汪清林区森林生态系统健康评价[J].生态学报,2013,12:3722~3731.

[287]袁菲,张星耀,梁军.基于有害干扰的森林生态系统健康评价指标体系的构建[J].生态学报,2012,03:964~973.

[288]战金艳,闫海明,邓祥征,等.森林生态系统恢复力评价——以江西省莲花县为例[J].自然资源学报,2012,08:1304~1315.

[289]张成林,宋新章.森林经营可持续性评价方法[J].林业科技,2004,29(4):50~53.

[290]张洪武,罗令,牛辉陵,等.森林生态系统碳储量研究方法综述[J].陕西林业科技,2010,06:45~48.

[291]张佳音.木兰围场北沟林场森林生态系统健康评价研究[D].北京:北京林业大学,2010.

[292]张江.森林健康经营空间途径与评价系统研究[D].长沙:中南林业科技大学,2014.

[293]张晶晶,赵忠,宋西德,等.基于灰色关联投影法的森林生态系统健康评价[J].

西北农林科技大学学报(自然科学版),2010,08:97~103.

[294]张乐勤,方宇媛,许杨,等.池州森林生态系统服务价值评估与分析[J].广西植物,2011,04:463~468.

[295]张乐勤,荣慧芳,许杨,等.九华山森林生态系统生态服务价值评估[J].山地学报,2011,03:291~298.

[296]张丽谦.北京山地森林生态脆弱性评价的研究[D].北京:北京林业大学,2011.

[297]张佩霞,侯长谋,胡成志,等.广东省鹤山市森林生态系统服务价值评估[J].热带地理,2010,06:628~632,662.

[298]张守攻,朱春全,肖文发.森林可持续经营导论[M].北京:中国林业出版社,2001,31~178.

[299]张修玉,许振成,曾凡棠,等.珠江三角洲森林生态系统碳密度分配及其储量动态特征[J].中国环境科学,2011,S1:69~77.

[300]张云玲.塞罕坝自然保护区森林生态系统服务价值研究[D].石家庄:河北师范大学,2012.

[301]张志旭,牛树奎,郭泉水,等.雾灵山森林生态系统固碳制氧服务功能价值评估[J].广东农业科学,2012,18:175~179.

[302]张志旭.河北雾灵山自然保护区森林生态系统服务价值评估[D].北京:北京林业大学,2013.

[303]张治军,唐芳林,周红斌,等.云南省森林生态系统服务及其价值评估[J].林业建设,2011,02:3~9.

[304]张治军,唐芳林,朱丽艳,等.轿子山自然保护区森林生态系统服务价值评估[J].中国农学通报,2010,11:107~112.

[305]赵春梅,李晓波,曹建华,等.森林生态系统养分动态模拟研究进展[J].广东农业科学,2012,20:166~169.

[306]赵栋.江苏省森林生态系统碳储量及碳密度研究[D].南京:南京大学,2012.

[307]赵金龙,王泺鑫,韩海荣,等.森林生态系统服务价值评估研究进展与趋势[J].生态学杂志,2013,08:2229~2237.

[308]赵敬东.天宝岩森林生态系统服务与生态补偿机制研究[D].福州:福建农林大学,2011.

[309]赵庆建,温作民,蔡志坚.森林生态系统生产力适应性管理模型[J].生态经济,2010,04:56~59.

[310]赵庆建,温作民,张敏新.识别森林生态系统服务的供应与需求——基于生态系统服务流的视角[J].林业经济,2014,10:3~7.

[311]赵庆建,温作民.流域生态系统管理途径与模型研究[J].吉林农业大学学报,2010,05:538~543.

[312]赵庆建,温作民.流域生态系统管理及模拟计算模型[J].生态经济,2010(10):153~157.

[313]赵士洞,汪业勖.生态系统管理的基本问题[J].生态学杂志,1997,16(4):35~38.

[314]赵曦琳.基于 GIS 的森林生态环境脆弱性评价研究[D].雅安:四川师范大学,2012.

[315]赵元藩,宋东华,温庆忠,等.玉溪市森林生态系统服务价值评估[J].林业调查规划,2011,01:12~18,25.

[316]赵元藩,温庆忠,艾建林.云南森林生态系统服务价值评估[J].林业科学研究,2010,02:184~190.

[317]赵振洲,陆元昌.近自然森林经营知识模型及管理系统研究[J].福建林业科技,2014,41(1):137~141.

[318]赵忠宝,李克国,曾广娟,等.秦皇岛市森林生态系统服务评价研究[J].干旱区资源与环境,2012,02:31~36.

[319]郑景明,罗菊春,曾德慧.森林生态系统管理的研究进展[J].北京林业大学学报,2002,24(3):103~109.

[320]郑宁.闪烁仪法准确测算森林生态系统显热通量的湍流理论分析[D].北京:中国林业科学研究院,2013.

[321]周君璞,吕勇,郑小贤.平顶山市森林生态系统服务评价[J].林业资源管理,2012,06:67~70,75.

[322]周涛,史培军,贾根锁,等.中国森林生态系统碳周转时间的空间格局[J].中国科学:地球科学,2010,05:632~644.

[323]周训芳,张莎.生态文明制度建设背景下的森林可持续经营:研究与展望[J].中南林业科技大学学报(社会科学版),2014,8(2):44~47.

[324]周永斌,隋琛莹,殷有,等.沈阳棋盘山风景区园区森林生态系统服务经济价值评估[J].福建林业科技,2008,02:224~228.

[325]周勇.森林抚育作业设计方案[D].杨凌:西北农林科技大学,2013.

[326]朱鸿伟. 森林生态系统的抗冰冻灾害能力研究[D]. 长沙:中南林业科技大学,2011.

[327]朱建刚,余新晓,张振明等. 森林生态系统碳循环动态仿真系统的设计[J]. 应用生态学报,2009,11:2603~2609.

[328]邹权,刘剑飞. 森林生态系统管理及其与传统森林经营的关系[J]. 南方农业,2014,33:67~68.

[329]Asah,Stanley T. ,Blahna,Dale J. ,Ryan,Clare M. Involving forest communities in identifying and constructing ecosystem services:Millennium assessment and place specificity [J]. Journal of Forestry,2012,110(3):149~156.

[330]Brian N,Tissot. Hawaiian islands marine ecosystem case study:Ecosystem and community based management in Hawaii [J]. Coastal Management,2009,37:255~273.

[331]Chen X. C,Karpatne A,Chamber Y,et al. A new data mining framework for forest fire mapping [J]. Intelligent Data Understanding (CIDU),2012:104~111.

[332]Christensen NL. ,Bartuska AM,Brown JH,et al. The report of the ecological society of America committee on the scientific basis fir ecosystem management [J]. Ecol. Appl. ,1996,6(3):665~691.

[333]Costana R,D'Arge R,de Groot R,et al. The value of the world's ecosystem services and natural capital[J]. Nature,1997,387:253~260.

[334]Costana R,Farber SC and Maxwell J. Valuation and management of wetlands ecosystems [J]. Ecol. Econ. ,1989,1:335~361.

[335]Crowley,M. Using Equilibrium Policy Gradients for Spatiotemporal Planning in Forest Ecosystem Management,Computers[J]. IEEE Transactions on,2014,63(1):142~154.

[336]Davies Owen,Garv Kerr. The costs and revenues of transformation to continuous cover forestry[R/OL]. [2013 - 03 - 22]. http://forums. Forest research. gov. uk/pdf/Costs and Revenues of CCF March 2011.

[337]Egan AF,Waldron K,Raschka J,et al. Ecosystem management in the northeast. Journal of Forestry,1994,97(9):24~29.

[338]Faeah P,Asmida I,Siti Khairiyah M. H,et al. Diversity and tree species community at Bukit Nanas Forest Reserve,Kuala Lumpur[J]. Business Engineering and Industrial Applications Colloquium (BEIAC),2013:846~850.

[339]Gang Shen,Sakai K. Landscape Changes and Spatial Inclinations in the Satoyama of Sa-

no, Japan by Aerial Photos [J]. Remote Sensing, Environment and Transportation Engineering (RSETE), 2012:1~4.

[340] Gary K. Meffe, Larry A. Nielsen, Richard L. Knight, et al. Ecosystem Management: Adaptive, Community - Based Conservation [M]. Washington, Island Press, 2002.

[341] Grumbine R E. What is ecosystem? [J]. Conser Biol, 1994, 8(1):27~38.

[342] Gupta V, Reinke K, Jones S. A multi - scale, multi - temporal analysis of NDVI in burned landscapes [J]. Geoscience and Remote Sensing Symposium (IGARSS), 2013:2118~2121.

[343] Hoshino B, Ganorig S, Sawamukai M, et al. The impact of land cover change on patterns of oogeomorphological influence: Case study of oogeomorphic activity of Microtus brandti and its role in degradation of Mongolian steppe [J]. Geoscience and Remote Sensing Symposium (IGARSS), 2014:3518~3521.

[344] Jakubowksi M K, Guo Q, Collins B, et al. Predicting surface fuel models and fuel metrics using lidar and cir imagery in a dense, mountainous forest [J]. Photogramm Eng Remote Sens, 2013, 79:37 - 49.

[345] Jenny H, Liem J, Lucash M. S, et al. 4 - D Statistical Surface Method for Visual Change Detection in Forest Ecosystem Simulation Time Series [J]. Selected Topics in Applied Earth Observations and Remote Sensing, IEEE Journal, 2014, 7(11):4505~4511.

[346] Jenny H, Liem J, Lucash M. S, et al. Visualiation of alternative future scenarios for forest ecosystems using animated statistical surfaces [J]. Agro - Geo informatics, 2013:512~516.

[347] Kohm AK, Franklin JF. Creating a forestry for the 21st century - The science of ecosystem management [M]. Washington, D. C. : Island Press, 1996.

[348] Lackey RT. Seven pillars of ecosystem management [J]. Draft, 1995:13.

[349] Lin Cao, Coops N, Hermosilla T, et al. Estimation of forest structural variables using small - footprint full - waveform LiDAR in a subtropical forest, China [J]. Earth Observation and Remote Sensing Applications (EORSA), 2014:443~447.

[350] Main R. , Mathieu R, Kleynhans W, et al. Woody cover assessments in a Southern African savanna, using hyper - temporal C - band ASAR - WS data [J]. Geoscience and Remote Sensing Symposium (IGARSS), 2014:1148~1151.

[351] Nguyen - Thanh Son, Chi - Farn Chen, Ni - Bin Chang, et al. Mangrove Mapping and Change Detection in Ca Mau Peninsula, Vietnam, Using Landsat Data and Object - Based Image Analysis [J]. Selected Topics in Applied Earth Observations and Remote Sensing, IEEE Journal,

2015,8(2):503~510.

[352]Pietrock,Michael,Hursky,Olesya. Fish and ecosystem health as determined by parasite communities of lake whitefish(Coregonus clupeaformis) from Saskatchewan boreal lakes [J]. Engineering Village,2011,46(3):219~229.

[353]Ping Hu,Xiao Changrong. Application of analytic hierarchy process in the wetland eco-tourism evaluation[J]. Advanced Research and Technology in Industry Applications (WARTIA), 2014:706~708.

[354]Pretsch,Hans,Biber,Peter,Schüte,Gerhard,et al. Changes of forest stand dynamics in Europe. Facts from long – term observational plots and their relevance for forest ecology and management[J]. Forest Ecology and Management,2014,316:65~77.

[355]Rapport DJ. Costana R and Mc Michael AJ. Assessing ecosystem health[J]. Trends in Ecology and Evolution,1998,13(10):397~402.

[356]Soto – Berelov M,Jones S,Mellor A,et al. A collaborative framework for vegetated systems research:A perspective from Victoria [J]. Australia Geoscience and Remote Sensing Symposium (IGARSS),2013:3934~3937.

[357]Stokstad E. Learning to adapt [J]. Science,2005,309:688~690.

[358]Su,Meirong,Fath,Brian D. ,Yang,hifeng,et al. Ecosystem health pattern analysis of urban clusters based on energy synthesis:Results and implication for management[J]. Energy Policy, 2013,59:600~613.

[359]Thapa R. B,Shimada M,Watanabe M,et al. L – band SAR data and spatially explicit model to analye forest loss between 2007 and 2030 in central Sumatra [J]. Synthetic Aperture Radar (APSAR),2013:108~111.

[360]Thomas J W. FEMAT:objectives,process,and options[J]. Journal of Forestry,1994,92 (4):66~70.

[361]Torabadeh H,Morsdorf F,Leiterer R,et al. Fusing imaging spectrometry and airborne laser scanning data for tree species discrimination[J]. Geoscience and Remote Sensing Symposium (IGARSS),2014:153~256.

[362]Vaccari S,Ryan C,Gou Y,et al. A tool for monitoring woody biomass (change) in woodland ecosystems [J]. Radar Symposium (IRS),2014:1~5.

[363]Vogt KA,Gordon JC,Wargo JP,et al. Ecosystems:Balancing Science with Management [J]. New York:Springer,1997.

[364] Wang Bin, Yang Xiaosheng, hang Shuoxin. Assessment on the ecosystem services of different forest types at Huoditang forest region [J]. World Automation Congress (WAC), 2012, 1 (5):24~28.

[365] Westphal C, Tremer N, von Oheimb G, et al. Is the reverse J – shaped diameter distribution universally applicable in European virgin beech forests? [J]. Forest Ecology and Management, 2006, 223(1):75~83.

[366] Yuchu Qin, Ferra A, Mallet C, et al. Individual tree segmentation over large areas using airborne LiDAR point cloud and very high resolution optical imagery [J]. Geoscience and Remote Sensing Symposium (IGARSS), 2014:800~803.

[367] hang, Li – Ning, An, Jing, Lin, Da – Chao, et al. Study on the pre – warning system of ecosystem health in mineral area [J]. 2011 2nd International Conference on Mechanic Automation and Control Engineering, MACE 2011 – Proceedings, 2011:726~729.

后 记

　　森林生态系统是陆地生态系统中面积最大、组成结构最复杂、生物总量最高、功能最完善、适应性最强的一种自然生态系统,它对陆地生态环境有决定性的影响。森林能够提供各种生产与生活资料,像木材及林副产品等,它还具有涵养水源、保育土壤、固碳制氧、净化大气环境、防风固沙、保护生物多样性等功能,是自然界中功能最完善的基因库与资源库。

　　近年来,随着全球生态环境的不断恶化,以及社会经济的发展,森林的作用越来越引起人们的关注,森林的价值也越来越引起人们的重视。本研究以吉林森工集团森林生态系统服务价值评价和资产负债表编制为例,试图揭示森林资源的价值,提高人们对森林生态系统服务重要性的认识。

　　在研究过程中,主要在石小亮博士论文研究的基础上,加进了森林生态系统服务价值量变化分析、资产负债表编制等内容,目的是提高人们对吉林森工集团森林资源存量和变化量的认识。研究主要起源于吉林森工集团的课题委托,但由于种种原因,课题未能开展,也未能执行。但抱着科研诚信的态度,我们依然在没有任何经费支持的情况下完成了科研任务。在此,衷心地感谢吉林森工集团有关部门和人员的大力支持,也感谢吉林省林业厅、农业厅、水利厅、环保厅等领导和人员的大力支持! 没有你们的支持,研究是无法完成的!

　　另外,在本书的出版中,得到了内蒙古扎兰屯市"森林资源综合效益评估及环境资产负债表编制研究"(2014HXZXJGXY025)项目的支持,在此也表示衷心的感谢! 在研究过程中,还得到了北京林业大学经济管理学院陈建成、温亚利院长的大力支持,也得到了金笙、王兰会、张莉莉、杨桂红等老师的帮助,陆霁、石小亮、单永娟、毛宇飞、陈珂、程翠青、潘静、李慧、倪静洁等参与了部分内容编写工作,在此也表示衷心的谢意!

由于作者水平有限,书中的一些错误在所难免,也会出现一些疏漏,敬请广大同人不惜赐教,也欢迎有识之士与我们一起进一步进行有关探讨。

最后,愿本书的一段、一句话或某一章节能够带给您一点启发,带来一点"火花",这正是作者追求的! 并希望大家一起促进我国森林生态效益评估和资产负债表编制研究的发展。

作者

2015 年 8 月 6 日